“十四五”时期国家重点出版物出版专项规划项目

空天推进技术系列丛书

# 固体推进剂不敏感化设计

Desensitization Design of Solid Propellant

李吉祯　唐秋凡　毕福强　樊学忠　屈　蓓　付小龙　郑启龙　著

西北工业大学出版社

西　安

【内容简介】 本书重点介绍了固体推进剂不敏感含能材料的设计与合成以及设计思路。全书分为 4 章，主要内容包括：第 1 章介绍了国内外固体推进剂不敏感含能材料及研究进展；第 2 章介绍了固体推进剂不敏感含能材料的设计思路、合成方法及相关感度性能；第 3 章基于改性双基推进剂降感机理和不敏感材料在推进剂中的应用介绍了改性双基推进剂的不敏感化方法；第 4 章通过实验和理论研究分析了复合推进剂不敏感特性及降感机理等。

本书适合高等学校相关专业的师生及空天领域的科研及工程人员阅读使用。

图书在版编目（CIP）数据

固体推进剂不敏感化设计 / 李吉祯等著. — 西安 ：西北工业大学出版社，2021.10
（空天推进技术系列丛书）
ISBN 978-7-5612-7999-1

Ⅰ. ①固… Ⅱ. ①李… Ⅲ. ①固体推进剂-设计 Ⅳ. ①V512

中国版本图书馆 CIP 数据核字(2021)第 202601 号

GUTI TUIJINJI BUMINGANHUA SHEJI
固体推进剂不敏感化设计

责任编辑：蒋民昌　　策划编辑：蒋民昌
责任校对：王玉玲　　装帧设计：李　飞
出版发行：西北工业大学出版社
通信地址：西安市友谊西路 127 号　　邮编：710072
电　　话：(029)88491757，88493844
网　　址：www.nwpup.com
印 刷 者：陕西向阳印务有限公司
开　　本：710 mm×1 000 mm　　1/16
印　　张：13.5
字　　数：264 千字
版　　次：2021 年 10 月第 1 版　　2021 年 10 月第 1 次印刷
定　　价：60.00 元

如有印装问题请与出版社联系调换

# 前言

随着大型舰船、高性能战斗机、武装直升机及多功能战车等高价值武器平台的不断涌现，对武器系统的能量和感度有了更高的要求，既要满足远程打击的需要，又要满足不敏感弹药的需求。固体推进剂是提供武器系统的动力源，其在武器中处于点火装置和毁伤装置之间，在非正常情况下易于被点火装置引发，引发后又可能触发毁伤装置，从而造成武器系统乃至整个武器平台的大面积损毁。不敏感固体推进剂的开发和研制将对整个推进系统产生深远的影响，因此，研制不敏感推进剂是目前武器系统的必然要求，也是推进剂领域未来发展的主要方向。

本书结合西安近代化学研究所固体推进剂不敏感化研究的专业科研团队近年对固体推进剂不敏感化设计的相关研究成果，以及对已公开发表的相关文献资料进行总结和提升，为从事不敏感固体推进剂研究的科研和工程人员，提供一部在不敏感含能材料设计及其在推进剂中应用方法研究方面有借鉴作用的技术参考书。本书也可对高等学校相关专业师生提供有益的学习参考。

本书重点介绍不敏感含能材料设计与合成研究进展以及固体推进剂不敏感设计思路，从降感机理、降感途径设计、降感效果检查等几个方面总结固体推进剂不敏感化研究方法。本书共分 4 章：第 1 章介绍国内外不敏感含能材料以及不敏感固体推进剂的研究进展情况；第 2 章介绍不敏感含能材料设计思路、合成方法以及相关感度性能；第 3 章基于改性双基推进剂降感机理和不敏感材料在推进剂中的应用介绍改性双基推进剂的不敏感化方法；第4章通过实验和理论研究分析复合推进剂不敏感特性及其降感机理。

李吉祯负责本书整体构架策划及全书内容布局，并撰写不敏感材料在改性双基推进剂中应用等内容；唐秋凡负责撰写国内外不敏感含能材料以及不敏感固体推进剂研究进展情况、改性双基推进剂降感机理等内容，并负责全书的统稿工作；毕福强负责撰写HTPB（Hydroxy - Terminated Polgbutadiene，端羟基聚丁二烯）推进剂降感技术的内容；樊学忠负责撰写本书中推进剂不敏感化主要方法等相关内容；屈蓓负责撰写改性双基推进剂降感设计及理论等内容；付小龙负责撰写HTPE（Hydroxy - Terminated Polgether，端羟基聚醚）推进剂降感技术内容；郑启龙负责撰写不敏感含能材料设计思路、合成方法以及相关感度性能等内容。

本书的完成也离不开来自各方面的支持和悉心帮助。在此，笔者特别感谢原总装备部、国防科工局的项目资助。本书的大部分内容是著者与许多长期一起工作的同事共同研究的成果，笔者特别感谢蔚红建、强皆兵、王江宁、杨士山、王国强、党永战、张亚俊等研究员和邓重清、张正中、刘晓军等副研究员长期以来在工作上的合作和对本书撰写工作的帮助；几种典型高氮含能材料在改性双基推进剂应用研究中先后有多位研究生做出了贡献，书中部分内容也是他们的研究成果，在此，感谢肖立群、翟连杰等博士生以及王琼、巨荣辉、宋振伟、齐晓飞等硕士生对本书所做的贡献。笔者还要感谢西安近代化学研究所赵凤起、王晓峰、胡荣祖、李上文、刘子如、李军强、张伟等各级领导给予的大力支持和帮助以及西北大学高胜利教授、陈三平教授以及陕西师范大学张国防教授、高子伟教授对本书提出的宝贵意见和指导。

由于新型不敏感含能材料仍处于日新月异的发展阶段，固体推进剂的不敏感化途径也越来越多，加之笔者的学识有限，本书还有未涉及到的不敏感固体推进剂研究领域，同时也有许多不足之处，敬望读者不吝赐教。

著　者

2021年6月

# 目 录

# 第1章 绪论

本章主要介绍了国内外不敏感含能材料以及不敏感固体推进剂研究进展情况。首先对固体推进剂及其不敏感化需求进行了概述，其次分别从不敏感黏合剂、不敏感增塑剂、不敏感高能填料等方面对钝感含能材料及其应用的发展现状，同时分别阐述了国外和国内不敏感固体推进剂的研究进展情况，最后分析了固体推进剂不敏感化发展所面临的挑战。

## 1.1 概　述

固体推进剂是火箭和导弹发动机的动力源，固体推进剂的主要性能直接影响了导弹武器的作战效能和生存能力，固体推进剂是高性能导弹武器系统发展的技术基础。

当前，国际军事形势风云变幻，世界各国均高度重视三军的综合防空能力、海上封锁和反封锁能力及应急作战能力，各种大型舰船/航母、高性能战斗机、武装直升机及多功能战车等高价值武器平台的不断涌现，对武器系统发动机装药的能量和感度提出了更高要求，既要满足远程打击的需要，又要满足不敏感弹药的需求。

越南战争期间，美国 Forrestal 航空母舰发生了弹药自发爆炸事故，造成了巨大的人员伤亡和经济损失。海湾战争中，美国车队发生弹药自发连环爆炸事故，造成了人员伤亡和大量财产损失。美国军方于 20 世纪末期制定了 MIL-STD-2105C 等一系列不敏感弹药标准，以考核弹药及推进剂等的不敏感性能。固体推进剂在生产、运输、储存过程中的安全性能受到军方和研制单位的高度关注。目前，美、英、法、德、澳、加等国均要求新装备的武器必须使用不敏感弹药。近年来，针对不敏感弹药的研制，国内也开展了一定的研究，但目前尚处于预研阶段，尚未达到工程化应用水平。所研制的不敏感推进剂多数以牺牲能量为代价，推进剂能量水平较低。同时，不敏感特性的测试与评价的标准尚不健全，无法满足不敏感弹药体系的研制需求。因此，不敏感推进剂的研制和应用已成为推进剂研究领域亟须解决的关键问题。

## 1.2 固体推进剂不敏感化发展现状及挑战

### 1.2.1 不敏感黏合剂的应用

端羟基聚丁二烯（HTPB）、硝化棉（NC）等黏合剂是构成推进剂的主要基体物质，是影响推进剂力学性能和感度性能的重要因素。NC 中含有较多硝基，其摩擦感度较高；HTPB 虽是惰性黏合剂，但该推进剂慢烤、子弹撞击、碎片撞击试验结果为爆炸，不能满足不敏感推进剂的要求。因此，含不敏感黏合剂的推进剂是目前不敏感推进剂领域的主要研究方向之一。

目前主要的不敏感黏合剂有端羟基聚醚（Hydroxy - Terminated Polyether，HTPE）、端羟基聚己酸内酯乙醚（Hydroxy - Terminated Polycaprolac - Tone Ether，HTPC）和聚缩水甘油叠氮聚醚（GAP）等。含 HTPC 和 HTPE 的推进剂燃烧性能、力学性能与 HTPB 推进剂相近，而其对冲击和热刺激更不敏感，易碎性与热敏感性明显优于 HTPB 推进剂。另一种不敏感黏合剂 GAP 具有正的生成热（+154.6 $kJ \cdot mol^{-1}$），密度（1.3 $g \cdot cm^{-3}$）比丁羟高 40%以上，而且它与硝酸酯增塑剂及硝铵、肼基三硝基甲烷（HNF）等氧化剂有良好的相容性，还能降低硝酸酯增塑剂的感度，同时对奥克托今（HMX）也有明显的不敏感作用。此外，国内外对 3,3 -二叠氮甲基氧丁环/四氢呋喃（BAMO/THF）等不敏感黏合剂也开展了相关的研究。

综上所述，非含能黏合剂能量较低、感度也较低，而含能黏合剂的能量较高，但是感度也相对较高，能量与感度在推进剂中是相互矛盾的两个方面，它们之间的相互关系仍须进一步深入研究。

## 1.2.2 不敏感增塑剂的应用

由于双基推进剂及改性双基推进剂中存在硝化甘油等敏感含能增塑剂，使其对机械刺激和热刺激都较为敏感。针对敏感含能增塑剂无法满足武器系统对推进剂感度的要求这一问题，国内外都在积极研究不敏感含能增塑剂。

美国 May L. Chan 等研究了几种含不敏感增塑剂的推进剂，发现选用较不敏感的 N-丁基硝氧乙基硝胺（Bu-NENA）、三羟基甲基乙烷三硝酸酯（TMETN）或硝化三乙二醇（TEGDN）取代硝化甘油（NG）作为含能黏合剂的增塑剂，能提高推进剂的耐热性，降低推进剂的撞击感度和摩擦感度。

偕二硝基类增塑剂因能量适中、稳定性好而受到重视。其中，双 2,2-二硝基丙醇缩甲醛（BDNPF）和双 2,2-二硝基丙醇缩乙醛（BDNPA）是此类化合物的典型代表。BDNPF/A 增塑剂是 BDNPF 和 BDNPA 的等质量比混合物，用其代替硝酸酯增塑剂时，可改善推进剂的低温力学性能，其与 NG 混合后可大幅降低 NG 的冲击感度。

此外，国内外还开展了叠氮基增塑剂（如双叠氮乙二醇二乙酸酯（EGBAA）、双（氟-二硝基乙基）缩二氟甲醛（二氟代-FEFO）等在推进剂中的应用研究。

综上所述，叠氮类、硝胺类及偕二硝基类等含能化合物及具有中等相对分子质量的齐聚物感度比一般小分子含能增塑剂要低，同时能够克服一般小分子含能增塑剂普遍存在的易挥发、易迁移的不足，是未来含能增塑剂发展的主要方向。

## 1.2.3 不敏感高能填料的应用

由于机械感度较高的奥克托今（HMX）和黑索金（RDX）（摩擦感度和撞击感度均为 100%）等高能填料是目前推进剂中的重要组分，严重影响了推进剂机械感度，因此新型不敏感高能填料成为不敏感推进剂研究的热点之一。

1,1-二氨基-2,2-二硝基乙烯（FOX-7）以其优异的性能引起了研究人员的广泛关注，成为满足不敏感材料（IM）高能量、高安全性要求的含能材料之一。有研究表明，采用 FOX－7 取代 RDX/HTPB 推进剂中的 RDX，能降低推进剂的摩擦感度、撞击感度和静电火花感度。

荷兰 TNO 研究院 Van der Heijden A 等研究了含 HNF/HTPB 推进剂的性能，发现细 HNF 与 HTPB 黏合剂体系混合可极大改善推进剂的摩擦感度，而撞击感度也有较大幅度降低。

### 1.2.4 不敏感复合材料的应用

为进一步降低推进剂感度而不影响其能量性能、燃烧性能和弹道性能等主要性能指标，国内外开展了新型不敏感复合材料的研究。

用包覆过的 RDX 或 HMX 为氧化剂制成的推进剂具有良好的韧性和较低的危险性，因此，对固体氧化剂或者黏合剂进行适当的包覆处理，也是降低推进剂感度的一个有效途径。此外，Larry C. Warren 等制备了两种导电聚合物（PERCOLR292 和 VERSICONR），并用于典型无烟推进剂配方中，可有效降低交联无烟推进剂的摩擦和撞击感度。Bing Huang 等利用超声法合成了一种核-壳结构 HMX/TATB 材料，可以降低 HMX 的机械感度。

### 1.2.5 国外不敏感固体推进剂

美国已将不敏感改性双基推进剂用于 MK 系列航弹、105 mm 坦克炮弹、155 mm 榴弹、M－46 型 203 mm 榴弹、反坦克弹、硬结构弹和 call－8、MK－46 鱼雷中。

英、日、德等国也均开展了不敏感推进剂的研究，并取得了一定进展。如德国 ICT 利用四种不同种类的纯的相稳定硝酸铵（AN），使其与聚叠氮缩水甘油醚（GAP）和硝酸酯制成推进剂，克服了 AN/GAP 推进剂的燃烧稳定性和爆轰感度的问题，结果表明，AN/GAP 推进剂是一种低敏感性的推进剂。英国也利用新型含能材料和先进的制造工艺，研制以 AN 为主氧化剂的固体推进剂 AN8，AN8 具有不敏感的特性。

法国火炸药公司（SNPE）在研究以硝酸酯（如硝化甘油，NG 和 1，2，4－丁三醇三硝酸酯，BTTN）为增塑剂，添加大量硝胺炸药（RDX 或 HMX）的交联改性双基(XLDB)推进剂的安全性能时发现,该推进剂在高速猎枪试验(枪击速度为 480 m/s)中出现了延迟转爆现象,在子弹撞击有中心孔腔的该类推进剂药柱时,在 20℃肉厚 50 mm 处或在 60℃肉厚 45 mm 处即出现了延迟转爆现象。该试验结果表明,解决硝胺推进剂发生爆轰反应问题的关键是降低该类推进剂的撞击和冲击波感度。采取的最有效技术途径是选用不敏感的增塑剂替代 NG,用感度较低的高能量密度材料部分取代 RDX 或 HMX 氧化剂。法国火炸药公司从双基推进剂开始,率先研制成功不敏感弹药使用的挤压成型双基、改性双基推进剂。

1. 法国研制的 SD1175 推进剂

NC 很敏感且能量高,在加工处理时很危险,而 TN 的挥发性低,加工性能良好,感度比 NG 低得多,且有更好的热稳定性和比 NG 低的迁移性,因此选择 TN 取代 NG 作高能增塑剂以降低 SD1175 推进剂的感度。该推进剂选用的是含氮质量分数 12.6%的 NC 和质量分数 1.8%的安定剂,还加入一种不含能的增塑剂以改善推进剂的机械性能。根据美国的 TB7002 标准,对 SD1175 进行了试验研究。在规定的试验中,SD1175 显示出了良好的性能,如热稳定试验、点火试验、撞击感度试验结果为无反应,爆轰试验为不爆轰,隔板试验为 50 片(要求小于 70 片)。因此,SD1175 的危险级别达到了美国国防部的 1.3 级标准。与常规双基推进剂相比,其易损性改善效果明显,见表 1.1。

**表 1.1　法国 SD1175 推进剂不敏感性能**

| 推进剂 | A | SD1175 |
|---|---|---|
| 主要组分 | NC+NG | NC+TMETN |
| 爆热/($J \cdot g^{-1}$) | 4 200 | 4 032 |
| 密度/($g \cdot cm^{-3}$) | 1.62 | 1.56 |
| 隔板试验/片 | 62 | 50 |
| 爆轰试验 | 燃烧 | 不爆轰、不燃烧 |
| 火箭发动机中的评价 | | |
| 快速烤燃 | 燃烧 | 燃烧 |
| 慢速烤燃 | 燃烧 | 燃烧 |

续表

| 推进剂 | A | SD1175 |
| --- | --- | --- |
| 子弹撞击 | 燃烧 | 碎片 |
| 殉爆试验 | 爆轰、扩展 | 不扩展 |

2. 法国研制的 SD1178 推进剂

SD1175 推进剂中含有铅化物，具有一定毒性，为加强环境保护，法国火炸药公司又对 SD1175 进行了改进，研制成非铅挤压成型双基推进剂，牌号为 SD1178。该推进剂用两种含能增塑剂的混合物代替了 NG，SD1178 的配方为：NC＋TMETN 为 94.4%，TEGDN 为 15%，非铅催化剂为 3%，燃烧稳定剂为 1%，石蜡为 0.1%。根据美国的 TB700－2 标准，对 SD1178 推进剂进行了试验，结果证明 SD1178 推进剂的危险级别为 1.3 级。SD1178 推进剂可用于任何不敏感推进剂和无毒添加剂的新方案，SD1178 可替代常规双基推进剂，见表 1.2。

**表 1.2 法国 SD1178 推进剂的不敏感试验结果**

| 试验项目 | SD1175 | SD1178 |
| --- | --- | --- |
| 热安定性试验 | 安定 | 安定 |
| 点燃试验 | 燃烧 | 燃烧 |
| 冲击感度 | 无响应 | 无响应 |
| 殉爆试验 | 不爆炸 | 不爆炸 |
| 隔板试验/片 | 50 | 53 |

3. ARCOCEL440 不敏感推进剂

据报道，可选择如下基础配方（质量分数）：BTTN/二乙醇二硝酸酯（DEGDN）/NC 为 90.97%，弹道改良剂为 2.45%，安定剂为 4.58%，固化剂为2.0%。从配方中不难看出，用 BTTN（撞击感度 58 cm）和 DEGDN（撞击感度 175～180 cm）混合酯取代 NG（撞击感度 15 cm）达到了不敏感的目的。

俄罗斯研究人员用添加不敏感剂的方法来降低改性双基推进剂的机械感度，也取得了理想的效果，表 1.3 是俄罗斯报道的含 RDX 45%的巴里斯泰推进剂，通过添加5%的JE(添加剂的代号)来降低其机械感度的情况。

**表1.3　JE对改性双基推进剂感度及能量的影响**

| 序　号 | 性　能 | 添加前 | 添加后 |
|---|---|---|---|
| 1 | 撞击感度 $H_{50}$/mm | 75 | 180 |
| 2 | 摩擦感度/(%) | 160 | 320 |
| 3 | 冲击波感度/MPa | 24 | 54 |
| 4 | 起爆冲击的感爆性/(%) | 0 | 100 |
| 5 | 比冲/s | 235 | 232 |

其报道的配方中RDX含量为30%～45%，添加JE后，推进剂对10 kg落锤机械刺激感度，从原来的 $H_{50}=50\sim75$mm，增加到了 $H_{50}=130\sim200$mm，降感效果明显，而且对能量的影响较小。国外部分毁伤与推进技术发展计划见表1.4。

**表1.4　国外部分毁伤与推进技术发展计划**

| 国家或组织 | 计　划 | 代　号 | 来　源 |
|---|---|---|---|
| 美国 | 高能量密度物质计划 | HEDM | DARPA |
| 美国 | 先进含能材料计划 | AEP | DTRA |
| 美国 | 综合性高性能火箭推进技术计划 | IHPRPT | — |
| 欧盟 | 新型含能材料配方与制造计划 | FPNEM | 欧洲防务局 |
| 美国 | 联合弹药技术发展计划 | JMTDP | 国防部/能源部 |
| 美国 | 高速侵彻弹药计划 | HVPET | 空军 |
| 美国 | 未来主战弹药能量发展计划 | FREEDM | 陆军 |
| 英国 | 多重毁伤效应武器研究计划 | MEW | 国防部 |
| 英国 | 城市攻击武器计划 | UAW | 国防部 |
| 荷兰 | 武器弹药毁伤效应研究计划 | V518 | 国防部 |

可见，国外在不敏感固体推进剂研究方面已成规模，世界各国也在将不敏感固体推进剂列入其毁伤与推进技术发展计划，大量成熟的不敏感固体推进剂已列装型号。综合分析国外推进技术发展规划，国外先进不敏感固体

推进剂的发展趋势为高能量、不敏感和低特征信号。

### 1.2.6 国内不敏感固体推进剂

近年来我国也十分重视不敏感固体推进剂的研究，北京理工大学罗运军团队对 HTPE 推进剂力学及工艺性能进行了研究，发现 HTPE 推进剂不仅具有优良的不敏感特性，且其黏合剂玻璃化温度较低，分子量可调，柔韧性好，黏度较低，能使推进剂药浆具有较好的流动性能和良好的工艺性能，同时 HTPE 推进剂在高温、常温和低温均具有优异的力学性能。

西安现代化学研究所付小龙等针对 HTPE 推进剂不敏感特性的影响及不敏感机理进行了深入研究。考虑能量及匹配性对推进剂的影响，对 HTPE 基不敏感推进剂进行推进剂配方设计，得到推进剂基础配方，考察基础配方的不敏感特性，探索推进剂不敏感规律及易损性的变化，其中含 Bu－NENA 的 HTPE 推进剂能量适中（6.86 MPa 下比冲为 2 506 N・s・$kg^{-1}$），感度最低，摩擦感度达 0%，撞击感度为 120.2 cm，含 TEGDN 与 Bu－NENA 的 HTPE 推进剂 5 s 爆发点均大于 350℃，热稳定性良好，见表 1.5～表 1.7。

**表 1.5 HTPE 推进剂基础配方**

| 组分 | HTPE | 增塑剂 | AP | HMX | Al | 不敏感材料 | 安定剂 | 固化剂 |
|---|---|---|---|---|---|---|---|---|
| 质量分数/(%) | 6～12 | 6～12 | 50～70 | 0～40 | 15～25 | 3～5 | 1.5～2.5 | 0.5～3 |

**表 1.6 增塑剂对 HTPE 推进剂机械感度的影响**

| 增塑剂 | 密度/(g・$cm^{-3}$) | 撞击感度($H_{50}$)/ cm | 摩擦感度/(%) |
|---|---|---|---|
| NG/BTTN | 1.810 | 32.6 | 96 |
| BDNPA/BDNPF | 1.735 | 93.3 | 24 |
| TEGDN | 1.726 | 120.2 | 4 |
| Bu－NENA | 1.767 | 120.2 | 0 |

**表 1.7 含能增塑剂对 HTPE 推进剂热感度的影响**

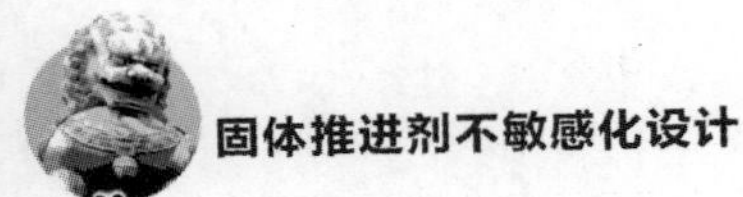


| 增塑剂 | 真空放气量/(mL·$g^{-1}$) | 5 s爆发点/℃ | 甲基紫变色时间/min |
|---|---|---|---|
| NG/BTTN | 0.59 | 328 | 173 |
| BDNPA/BDNPF | 0.29 | 337 | 186 |
| TEGDN | 0.45 | >350 | 179 |
| Bu-NENA | 0.52 | >350 | 190 |

同时,他们采用分子动力学感度模拟研究推进剂感度源,推测推进剂感度机理。通过探索HTPE不敏感推进剂中各个组分的结构与感度之间的内在关系和各组分间相互作用,推知HTPE黏合剂分子结构的醚键(—O—)与含能化合物中的硝基(N—$NO_2$)有显著的分子间相互作用,从而降低了推进剂的感度,如图1-1所示。

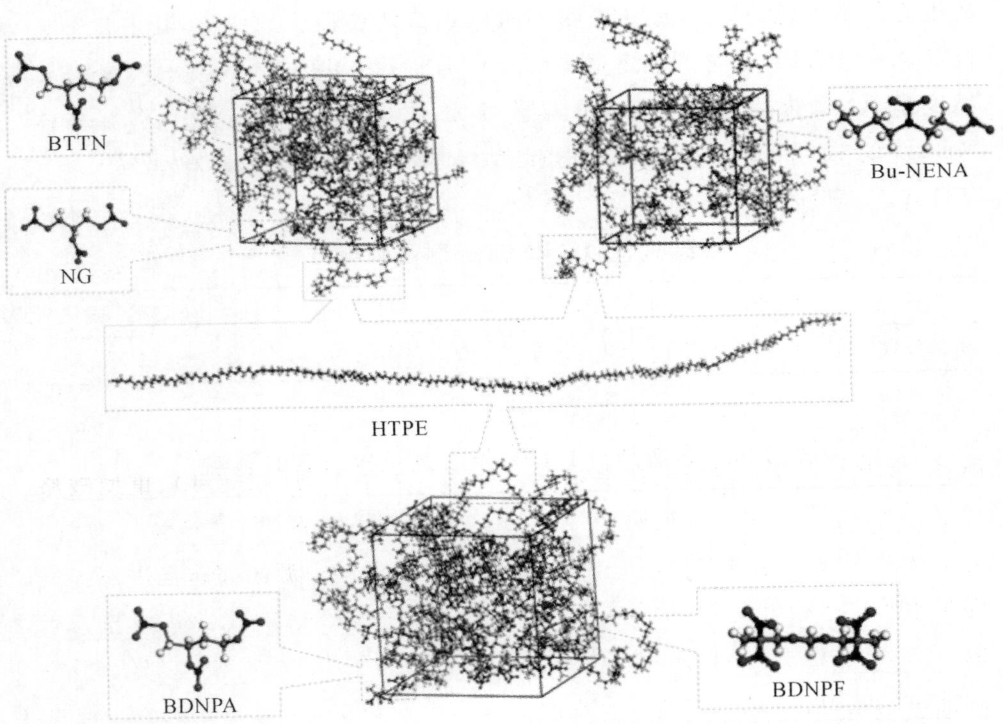


图1-1 HTPE/NG/BTTN,HTPE/BDNPA/BDNPF和HTPE/Bu-NENA的混合模型

在不敏感双基固体推进剂方面，国内也开展了许多相关的研究。赵凤起等用TMETN等代替双基推进剂中的部分NG，用FOX－7取代改性双基推进剂配方中的RDX，取得了很好的降感效果。在用10％的TMETN取代10％的NG后，推进剂的撞击感度明显降低，特性落高$H_{50}$增加14 cm。这充分说明用TMETN取代NG来降低感度是非常有效的。随着NG被逐渐取代，推进剂的撞击感度不断降低，当没有NG时，推进剂$H_{50}$达59.6 cm，比含NG配方的$H_{50}$高出一倍多。由此看出，NG确实是影响双基推进剂安全性能的重要因素。张超等采用隔板试验法研究了改性双基推进剂配方组成、所含高能炸药RDX粒度、粒度级配等因素对其冲击波感度的影响。研究结果表明，含有NG和RDX等组分的改性双基推进剂具有较高的冲击波感度，当配方中的敏感组分NG和RDX被不敏感的增塑剂TMETN和感度较低的高能量密度材料FOX－7全部取代时，隔板值由41.4 mm降至16.5 mm，降幅达60％。刘所恩等为考察7种RDX含量不同的硝胺改性双基推进剂对机械性刺激的安全性，依据国家等军用标准方法研究了含不同RDX的螺压硝胺改性双基推进剂的摩擦感度和枪击感度，发现RDX的加入提高了硝胺改性双基推进剂的摩擦感度，同时增加了其枪击条件下的燃烧概率。

国内研究起步相对较晚，主要的研究仍集中在不敏感材料在推进剂中的应用基础方面，目前尚无成熟的不敏感推进剂在武器型号方面的应用报道。

### 1.2.7 固体推进剂不敏感化发展挑战

目前，世界格局向多极化发展，各军事大国在武器装备方面的投入越来越多，出现了许多高价值的武器系统。特别是大型军舰（如航母）、重型战略轰炸机等，其价值少则数亿美元，多则十几亿美元，乃至几十亿美元。导弹、火箭武器为实现远射程与快速突防，要求作为武器动力源的固体推进剂提高能量水平。一般情况下，固体推进剂的能量水平和安全性通常是相互矛盾的，特别是在严酷的战场环境下，固体推进剂作为弹药的重要组成部件，自身含能材料具有危险性，而其安全特性对整个武器系统的易损性有着至关重要的影响，因此固体推进剂的不敏感化受到越来越多的重视。尤其舰载、机载及车载武器系统，所处武器平台价值昂贵，空间有限或密闭性强，人员逃逸困难，对决定战斗或战役的结果有重要作用，出现弹药燃爆事故的后果将非常严重。

我国不敏感固体推进剂研究起步较晚，多数不敏感含能材料需要仿研国外已有的文献报道，且大部分不敏感含能材料合成研究仍处于实验室阶段，目前仍旧只有少数几种可以成熟应用于固体推进剂。因此，想要实现固体推进剂能量水平和安全性能的平衡，研制不敏感固体推进剂，还需要深入研究降感机理，拓宽降感途径。本书结合西安近代化学研究所固体推进剂不敏感化研究的专业科研团队近年对固体推进剂不敏感化设计的相关研究，对已公开发表的相关文献资料进行总结和提升，为从事不敏感固体推进剂研究的科研和工程人员提供一部在不敏感含能材料设计及其在推进剂应用方法研究方面有借鉴作用的技术参考书。

## 参考文献

[1] 罗运军，刘晶如. 高能固体推进剂研究进展[J]. 含能材料，2007，15(4)：407－410.

[2] 李上文，赵凤起，袁潮，等. 国外固体推进剂研究与开发的趋势[J]. 固体火箭技术，2002，25(2)：36－42.

[3] 付小龙. HTPE推进剂不敏感特性及其机理研究[D]. 西安：西安近代化学研究所，2016.

[4] 樊学忠，李吉祯，刘小刚，等. 新型固体推进剂研究现状及发展趋势[C]. //2008年固体火箭推进25届年会论文集，贵阳，2008：307－312.

[5] 樊学忠，张伟，李吉祯，等. 浇铸复合改性双基推进剂[M]. 西安：陕西师范大学出版总社，2017.

[6] SIKDER A K，SIKDER N. A review of advanced high performance, insensitive and thermally stable energetic materials emerging for military and space applications[J]. Journal of Hazardous Materials, 2004，A112：1－15.

[7] BADGUJAR D M，TALAWAR M B，ASTHANA S N，et al.

Advances in science and technology of modern energetic materials: An overview [J]. Journal of Hazardous Materials, 2008, 151:289 - 305.

[8] 付小龙,樊学忠. 不敏感推进剂配方研究及发展趋势[J]. 火炸药学报,2014,37(5):1 - 8.

[9] 庞爱民,郑剑. 高能固体推进剂技术未来发展展望[J]. 固体火箭技术,2004,27(4):289 - 293.

[10] 庞维强,张教强,国际英,等. 21 世纪国外固体推进剂的研究与发展趋势[J]. 化学推进剂与高分子材料,2005, 3(3): 16 - 21.

[11] 董海山. 钝感弹药的由来及重要意义[J]. 含能材料,2006,14(5):321 - 322.

[12] JUN L I, BIN Z X, XUE W C, et al. Fuzzy evaluation method for synthesis sensitivity of solid propellant[J]. Journal of Solid Rocket Technology, 2007, 30(4): 324 - 327.

[13] WEI W, JIANG X, LU L, et al. Study on the catalytic effect of NiO nanoparticles on the thermal decomposition of TEGDN/NC propellant[J]. Journal of Hazardous Materials, 2009, 168(2/3): 838 - 842.

[14] WALSH M R, WALSH M E, HEWITT A D. Energetic residues from field disposal of gun propellants[J]. Journal of Hazardous Materials, 2010, 173(1/2/3): 115 - 122.

[15] CHU H T, CHOU J H. Effect of cooling load on the safety factor of propellant grains[J]. Journal of Propulsion & Power, 2013, 29(1): 27 - 33.

[16] CHENG K F, LIU M H, CHEN C, et al. Computational optimum conditions for FOX - 7 synthesis — A comparative synthesis route [J]. Journal of Molecular Structure Theochem, 2010, 957(s 1/2/3): 6 - 14.

[17] LI Y, KOU C, HUANG C, et al. Effect of $MnC_2O_4$ nanoparticles on the thermal decomposition of TEGDN/NC propellant[J]. Journal of Thermal Analysis & Calorimetry, 2012, 109(1): 171 - 176.

[18] SELVAM P, EL - SHERBINY I M, SMYTH H D. Swellable hydrogel particles for controlled release pulmonary administration using propellant - driven metered dose inhalers [J]. Journal of Aerosol Medicine & Pulmonary Drug Delivery, 2011, 24 (1): 25 -34.

[19] 衡淑云，潘统学，刘子如，等. 改善高燃速推进剂安定性的途径[J]. 含能材料，2004，12(1)：10 – 14.

[20] 朱传俊，李文岛，许力莱. 高燃速发动机脱模静电安全性分析[J]. 河北大学学报(自然科学版)，2007(6)：663 – 668.

[21] 邹德荣，朱雄富，黄刘华，等. 高燃速推进剂燃速控制研究[J]. 航天制造技术，2010(1):32 – 35.

[22] HUANG Z P, NIE H Y, ZHANG Y Y, et al. Migration kinetics and mechanisms of plasticizers, stabilizers at interfaces of NEPE propellant/HTPB liner/EDPM insulation[J]. Journal of Hazardous Materials, 2012, 229/230(3): 251 – 257.

[23] YI J H, ZHAO F Q, HONG W L, et al. Effects of Bi – NTO complex on thermal behaviors, non – isothermal reaction kinetics and burning rates of NG/TEGDN/Nc propellant [J]. Journal of Hazardous Materials, 2009, 176(1):257 – 261.

[24] KADIRESH P N, SRIDHAR B T N. Experimental study on ballistic behavior of an aluminised AP/HTPB propellant during accelerated aging[J]. Journal of Thermal Analysis and Calorimetry, 2010, 100 (1): 331 – 335.

[25] HUANG Z P, NIE H Y, ZHANG Y Y, et a1. Migration kinetics and mechanisms of plasticizers, stabilizers at interfaces of NEPE propellant/HTPB liner/EDPM insulation[J]. Journal of Hazardous Materials,2012,229:251 – 257.

[26] SUN B, MIN H, SOO H. Study on combustion characteristics of HTPB/AP propellants containing zirconium [J]. Journal of Propulsion and Power, 2012, 28(1): 211 – 213.

[27] FU X L，FAN X Z，JU X U，et al. Molecular dynamic simulations on the interaction between an HTPE polymer and energetic plasticizers in a solid propellant[J]. RSC Advances，2015，5:52844－52851.

[28] KIM C K，YOO J C，MIN B S，et al. Insensitive propellant composition[P]，US 2012/0227875，2012.

[29] 毛科铸，夏敏，罗运军，等. 固化剂类型对HTPE型聚氨酯弹性体胶片性能的影响[J]. 火炸药学报，2012(1)：55－58.

[30] FRANKEL M. Historical development of CAP[R]. AIAA Paper 89－2307，1989.

[31] 陈沛，赵凤起. 国外对GAP复合推进剂不敏感性能的研究进展[J]. 飞航导弹，1999，(10)：31－35.

[32] 蔚红建，付小龙，邓重清，等. 星型GAP与固体推进剂填料的表界面性能[J]. 固体火箭技术，2011，34(2)：211－213.

[33] 翟进贤，杨荣杰. BAMO－THF复合推进剂催化燃烧特性分析[J]. 推进技术，2010(2):226－229.

[34] 张弛，张向飞，翟滨，等. P(BAMO－r－AMMO)在推进剂中的应用[J]. 火炸药学报，2013，36(4):61－64.

[35] YI J H，ZHAO F Q，XU S Y，et al. Effects of pressure and TEGDN content on decomposition reaction mechanism and kinetics of DB gun propellant containing the mixed ester of TEGDN and NG[J]. Journal of Hazardous Materials，2008，165(1):853－859.

[36] ZHANG C Y. Review of the establishment of nitrogroup charge method and its applications[J]. Journal of Hazardous Materials，2009，161:21－28.

[37] FU X L，FAN X Z. Curing reaction kinetics of HTPE polymer studied by simultaneous rheometry and FT－IR measurements[J]. Journal of Thermal Analysis and Calorimetry，2016，118:1－9.

[38] DAMSE R S，OMPRAKASH B，TOPE B G，et al. Study of N－n－butyl－N－(2－nitroxyethyl)nitramine in RDX based gun propellant

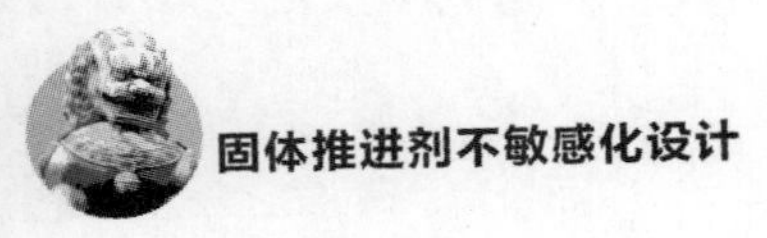


[J]. Journal of Hazardous Materials, 2009, 167(1):1222 - 1225.

[39] LI S, LIU Y, TUO X, et al. Mesoscale dynamic simulation on phase separation between plasticizer and binder in NEPE propellants[J]. Polymer, 2008, 49(11):2775—2780.

[40] HILDEBRANDT F J, HILDEBRANDT S, SIMMONS R L, et al. Single - base propellant composition using Bu - NENA as energetic plasticizer[P]: US: 7862668 B1, 2011.

[41] CHAN M L, TURNER A D. Insensitive high energy booster propellant[P]. US: 6576072, 2003.

[42] CERRI S, BOHN M A, MENKE K, et al. Characterization of ADN/GAP - based and ADN/DesmophenR - based propellant formulations and comparison with AP analogues[J]. Propellants, Explosives, Pyrotechnics, 2014, 39(2):192 - 204.

[43] WALSH M R, WALSH ME, HEWITT A D. Energetic residues from field disposal of gun propellants[J]. Journal of Hazardous Materials, 2009, 173(1):115 - 122.

[44] LIU B, WANG Q L, LIU S W, et al. Study on the performance of the modified single base gun propellant[J]. Advanced Materials Research, 2012, 1583(415):1656 - 1661.

[45] RAUCH R B, BEHRENS R. Vapor pressures, mass spectra and thermal decomposition processes of bis(2,2 - dintropropyl) acetal (BDNPA) and bis(2,2 - dinitro - propyl) formal (BDNPF)[J]. Propellants, Explosives, Pyrotechnics, 2007, 32(2):97 - 116.

[46] 姬月萍,李普瑞,汪伟,等. 含能增塑剂的研究现状及发展[J]. 火炸药学报, 2005, 28(4):47 - 51.

[47] GARG S, GAO H X. FOX - 7(1,1 - Diamino - 2,2 - dinitroethene): trapped by copper and amines [J]. Inorg Chem, 2011, 50:390 -395.

[48] 陈中娥,李忠友,姚南,等. FOX - 7 及含 FOX - 7 的 HTPB 推进剂安全性能[J]. 含能材料, 2010, 18(3): 316 - 319.

[49] VANDER H A, LEEUWENBURGH A B. HNF/HTPB

propellants: influence of HNF particle size on ballistic properties[J]. Combustion and Flame, 2009, 156(7): 1359 - 1364.

[50] TRZCIFISKI W A, CUDZILO S, SZYMAFLCZYK L. Determination of the detonation pressure from a water test[J]. Eng Trans, 2001, 49(4):443 - 458.

[51] WARREN L C, THOMPSON D M. Conductive polymers to improve propellant insensitivity - impact and frictionproperties[P]. US: 6521063, 2003.

[52] HUANG B, HAO X, ZHANG H, et al. Ultrasonic approach to the synthesis of HMX@TATB core - shell microparticles with improved mechanical sensitivity[J]. Ultrasonics Sonochemistry, 2014, 21(4): 1349 - 1357.

[53] 石小兵,庞维强,蔚红建. 不敏感推进剂研究进展及发展趋势[J]. 化学推进剂与高分子材料, 2007, 5(2): 24 - 28.

[54] FISHER W. Solid rocket propellants for improved IM response part 2 IM propellant examples[J]. NIMIC Newsletter, 2003, 1:2 - 4.

第 2 章

# 固体推进剂用低感度含能材料

本章主要介绍了不敏感含能材料设计思路、合成方法以及相关感度性能，按照在推进剂中的用途，将不敏感含能材料分为晶体炸药、黏合剂和增塑剂三大类进行梳理。在低感度晶体炸药方面，重点介绍了 TATB、FOX－7、LLM－105 等 5 种典型代表以及氮杂环类不敏感含能材料；在不敏感黏合剂方面，重点介绍了惰性黏合剂 HTPE 和 GAP、BAMO、PGN 等几种典型不敏感含能黏合剂；在不敏感增塑剂方面，重点介绍了 Bu－NENA、TMETN 和 BTTN 三种典型不敏感含能增塑剂。

含能材料是推进剂装药的基础材料，在某种程度上是实现其不敏感特性的关键所在。作为推进剂重要组分的黏合剂、增塑剂以及固体氧化剂的降感技术以及新型高能不敏感原材料的研发是未来研制不敏感固体推进剂工作中的重点，各国研究人员都已开展大量的研究工作。

## 2.1 低感度晶体炸药

### 2.1.1 1,3,5-三氨基-2,4,6-三硝基苯

1,3,5-三氨基-2,4,6-三硝基苯(TATB)是浅黄色三斜晶型，具有很好的耐热性和很低的感度，它对HMX有明显的不敏感作用，因此推进剂配方中引入部分TATB，以取代感度较高的HMX和AP等固体颗粒，不仅能保证推进剂所需的能量，而且有利于降低固体推进剂的感度。在推进剂配方中加入少量的TATB就会对HMX有较明显的不敏感作用，TATB对HMX的不敏感作用，主要表现为混合炸药的撞击感度和摩擦感度都明显降低，冲

击波感度也随着 TATB 的增加而明显降低。TATB 分子结构式如图 2-1 所示。

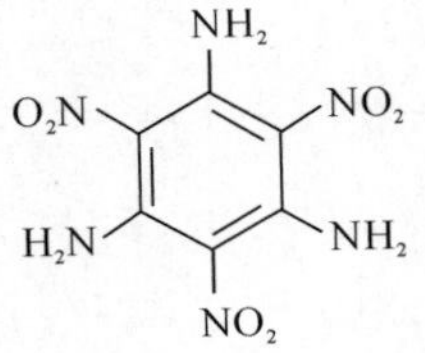

图 2-1　TATB 分子结构式

1888 年，Jackson 和 Wing 用均三溴三硝基苯与 $NH_3$ 非乙醇溶液制得 TATB。1970 年后期，Estes 等以对称三硝基三丙氧基苯为中间体合成了 TATB，实现了 TATB 的无氯合成。1990 年，中国的魏运洋框 Schmit 反应引入 TATB 的合成路线获得成功。此外，VNS 方法是目前合成 TATB 较新颖的方法，所用原材料较均三氯苯廉价易得，反应条件为常温常压，简便易行，过程如图 2-2 所示。

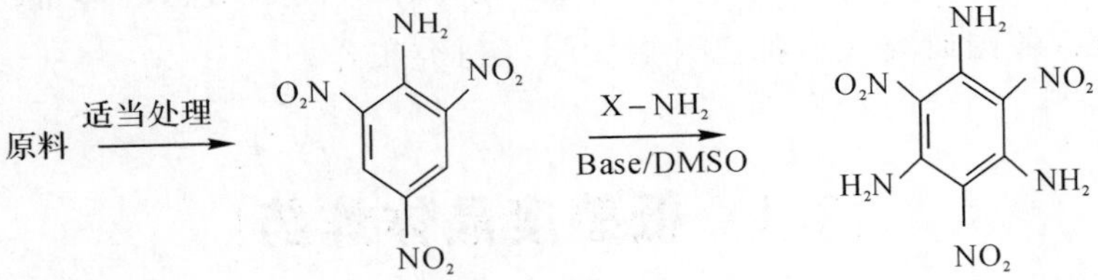

图 2-2　VNS 方法合成 TATB 过程

## 2.1.2　1,1-二氨基-2,2-二硝基乙烯

瑞典国防研究院 FOA 高能材料研究所和美国都合成了 1,1-二氨基-2,2-二硝基乙烯(FOX-7)。FOX-7 晶体密度为 1.885 $g/cm^3$(粉末 X 衍射)，生成热 $\Delta H_f=-133$ kJ/mol，计算爆速为 8 870 m/s。FOX-7 的感度低于 RDX，而性能与 RDX 相当，预测其能量为 HMX 的 85%～90%，它与聚合物相容性好，具有较高的分子稳定性，可作为理想的不敏感炸药候选物，

FOX－7分子结构式如图2－3所示。

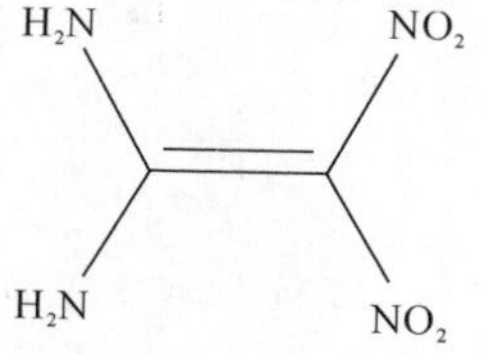

图2－3 FOX－7分子结构式

2005年周诚等以2－甲基咪唑为起始原料，在硝硫混酸中低温硝化后得到中间体2－(二硝基亚甲基)－4,5－咪唑烷二酮，中间体在碱性条件下水解得到FOX－7，总收率不超过20％，此法收率较低，无工业化前景。2005年王锡杰等以2－甲基－4,6－嘧啶二酮为原料在硝硫混酸中低温硝化得到2－(二硝基亚甲基)－5,5－二硝基－4,6－嘧啶二酮，再进行水解反应后得到FOX－7，硝化反应和水解反应的产率达83.2％以上，合成路线如图2－4所示。

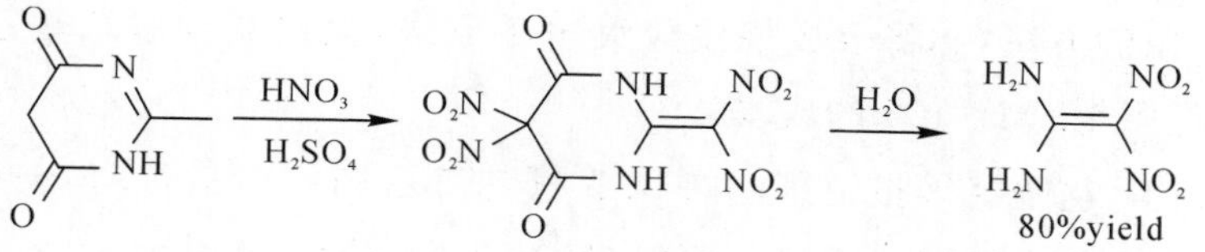

图2－4 FOX－7合成路线之一

现有方法均通过生成杂环中间体，然后水解或氨解开环得到FOX－7，原子经济效益不高，期待开发出新的收率高、原子利用率高的FOX－7合成新方法，进一步降低合成FOX－7的成本。

### 2.1.3 2,6－二氨基－3,5－二硝基吡嗪－1－氧化物

美国劳伦斯·利弗莫尔国家实验室(LLNL)1993年首次合成了2,6－二氨基－3,5－二硝基吡嗪－1－氧化物(LLM－105)，德国和英国也合成了该化合物。LLM－105的密度是1.913 $g/cm^3$，性能介于HMX和TATB之间，能量比TATB高15％，是HMX的85％，它是一种热稳定性好、低爆速的不敏感炸药，其分子结构式如图2－5所示。

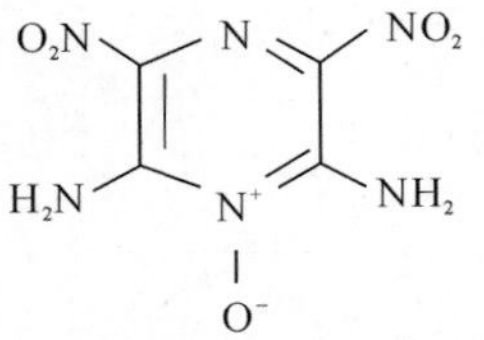

图 2-5　LLM-105 分子结构式

2006 年，郭峰波等报道了以二氯吡嗪为原料合成 LLM-105 的方法，先得到 2-氯-6-甲氧基吡嗪中间体，然后经过发烟硫酸和发烟硝酸硝化得到 2-氯-6-甲氧基-3,5-二硝基吡嗪，再经氨化得到 ANPZ，最后在三氟乙酸和 30%双氧水的作用下得到 LLM-105，但中间体 2-氯-6-甲氧基吡嗪是液体，不易保存，总收率约为 36%。为了避免上述中间体的问题，2007 年，李海波等改进了合成方法，通过中间体 2,6-二甲氧基-3,5-二硝基吡嗪合成的 LLM-105，2,6-二甲氧基-3,5-二硝基吡嗪为固体，易保存，且该方法总收率较高，收率达到 50%。2015 年，王友兵等以此方法为基础，报道了三氟乙酸回收利用的方法，并将合成规模放大至千克级，大幅减少了三氟乙酸的使用量，降低了 LLM-105 的成本。

2013 年，赵晓锋等报道了一种以亚氨基二乙腈法合成 LLM-105 的方法，该方法以亚硝基胺二乙腈为原料，经过环化、酸化、硝化和氧化 4 步合成 LLM-105，总收率提至 50%，合成路线如图 2-6 所示。

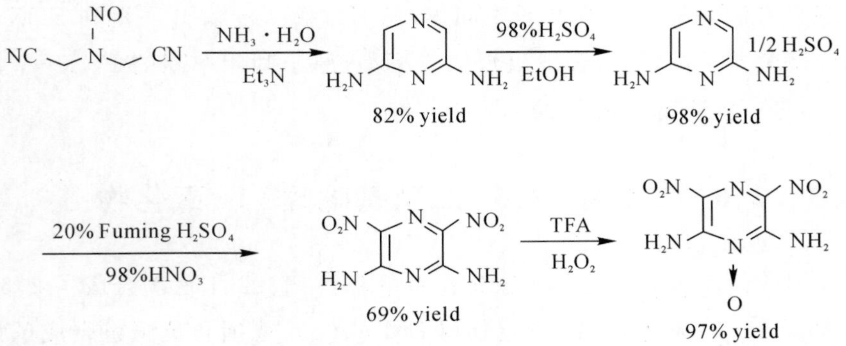

图 2-6　亚氨基二乙腈法合成 LLM-105 合成路线

两种方法各有优缺点，以二氯吡嗪为原料制备 LLM-105，改进后收率

提高，王友兵等开发了三氟乙酸回收利用技术后，成本显著降低，但仍以含氯化合物为原料，对环境影响大；以亚硝基胺二乙腈两步法制备 LLM－105 虽然可以避免上述问题，但收率较低，亚硝基胺二乙腈法 4 步制备 LLM－105，收率较高，也无含氯原料或中间体，但仍然需大量使用三氟乙酸，可将亚硝基胺二乙腈四步法和三氟乙酸回收利用相结合，既避免了含氯原料的使用，又可减少三氟乙酸的用量，且总收率较高，可有效实现 LLM－105 的清洁化和低成本制造，具有工业化前景。

## 2.1.4 1,1′-二羟基-5,5′-联四唑二羟胺盐

1,1′-二羟基-5,5′-联四唑二羟胺盐（TKX－50）是西安近代化学研究所于 2011 年在设计合成的一系列含能盐中，通过热性能及感度性能研究筛选出的一种高能不敏感材料，该所对其结构及合成方法申请了专利保护。TKX－50 的晶体密度为 1.879 $g/cm^3$，热分解温度达到 249.1℃，热稳定性优于 RDX，真空安定性较好，特性落高为 100 cm，撞击和摩擦爆炸概率分别为 16％和 24％，单质药柱实测爆速为 8 509 m/s（压药密度为 1.70 $g/cm^3$），实测能量水平高于 RDX，且不吸湿。

2012 年，Fischer 等公开报道了 TKX－50 的合成，以二氯乙二肟为原料，经叠氮化、环化及复分解反应得到 TKX－50。2014 年，赵廷兴等在此方法的基础上将量级放大至 50 g，合成路线如图 2－7 所示。

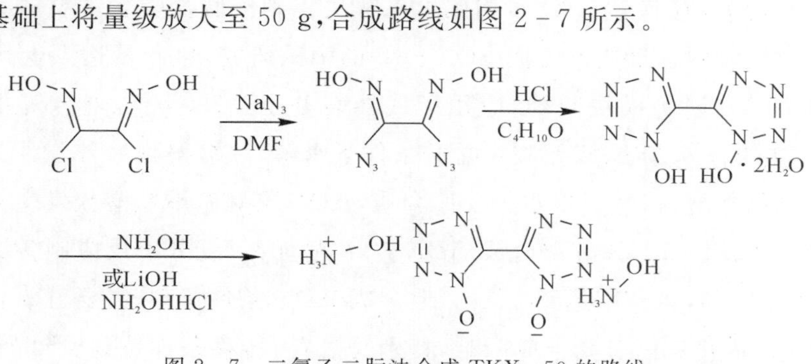

图 2－7 二氯乙二肟法合成 TKX－50 的路线

该工艺需要分离干燥高感度的中间体二叠氮基乙二肟，且需使用易燃易爆的低沸点溶剂乙醚，氯化氢气体在浓缩和干燥过程中具有强烈的腐蚀性，

工艺安全性较差；另外，溶剂 DMF 价格较为昂贵，从水中回收 DMF 的成本也较高，大量乙醚基本无法回收，导致该工艺的成本偏高，无工业化前景。未来研究的方向是找到乙醚和 DMF 的替代溶剂，使反应的本质安全性得到提升，成本得以降低，开发出具有工业化放大前景的方法。

### 2.1.5 N-脒基脲二硝酰胺盐

N-脒基脲二硝酰胺盐（FOX-12）是瑞典 20 世纪 90 年代合成的一种新的二硝酰胺盐，具有高能、低感、不吸潮、热稳定性好等优点。研究表明，FOX-12 能量高于 TATB，爆速可达 8 210 m/s，感度和热稳定性都优于 RDX。将 FOX-12 与现有炸药和高能化合物的性能进行比较，研究发现 FOX-12 具有相当低的撞击感度和摩擦感度，同时具有高密度、高爆速，其分子式如图 2-8 所示。

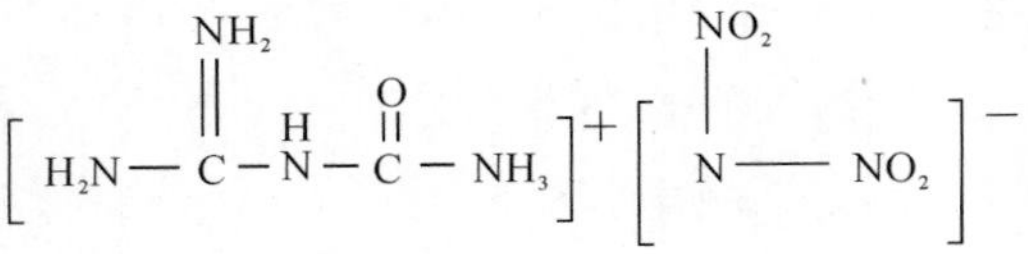

$$\left[ H_2N-\underset{\displaystyle C}{\overset{NH_2}{\|}}-\overset{H}{N}-\overset{O}{\overset{\|}{C}}-NH_3 \right]^+ \left[ \overset{NO_2}{\overset{|}{N}}-NO_2 \right]^-$$

图 2-8 FOX-12 分子结构式

FOX-12 具有高能、低感、不溶于冷水、不吸潮、稳定性好和相容性好的特点，与二硝酰胺铵盐（ADN）相比可以解决二硝酰胺盐类含能材料普遍存在的吸湿性难题。瑞典已完成 FOX-12 的中试研究，年产量达到近10 t，并将其推广于发射药模块装药，应用于武器装备中。2005 年，刘愆等报道了 FOX-12 的合成方法，双氰胺在盐酸条件下水解、浓缩得到另外一种关键中间体脒基脲盐酸盐，然后以水为反应介质，ADN 与脒基脲盐酸盐发生复分解反应获得 FOX-12，该方法合成 ADN 产率为 60%，复分解反应制备 FOX-12 产率为 90%，总产率达到 54%。但合成 ADN 条件苛刻，需要五氧化二氮低温硝化，而五氧化二氮合成困难，特别是贮存、转移条件苛刻，严重制约着该方法的工业化应用前景，且纯化 ADN 时需要用柱色谱分离，工艺比较复杂，存在安全隐患，严重影响了进一步扩试研究。瑞典于 2005 年在专利中公开了一种 FOX-12 的合成方法，以双氰胺和硝酸或硫酸反应水解得到脒基

脲硝酸盐或硫酸盐水溶液，然后直接与硝化氨基磺酸铵所得到的二硝酰胺酸稀溶液反应。这种“一锅”法得到 FOX－12 的合成路线如图 2－9 所示。

$$H_2NC(=NH)NHCN + H^+ \longrightarrow H_2N-C(=\overset{+}{N}H_2)-NH-C(=O)-NH_2$$

$$NH_2SO_3NH_4 \xrightarrow[HNO_3]{H_2SO_4} \overset{+}{N}H_4\overset{-}{N}(NO_2)_2$$

$$H_2N-C(=\overset{+}{N}H_2)-NH-C(=O)-NH_2\ \overset{-}{N}(NO_2)_2 \longrightarrow \underset{FOX-12}{H_2N-C(=NH)-NH-C(=O)-NH_2}\ \ HN(NO_2)_2$$

图 2－9 “一锅”法合成 FOX－12 的合成路线

与 ADN 法相比，该方法绿色环保，无需分离出中间体 ADN。“一锅”法可以较为方便地合成出 FOX－12，操作简便，具有工业化前景。但是瑞典专利未报道合成收率和产品纯度数据，需要通过实验来验证。

### 2.1.6 氮杂环类不敏感含能材料

氮杂芳环主要以咪唑、三唑、四唑和四嗪等化合物为主，这些化合物杂环骨架自身包含了较多的 C—C 键、N—N 键和 N＝N 键等高焓化学键，且这些氮杂母体可形成类苯结构的大 $\pi$ 键，具有共轭芳香性，可增加化合物的稳定性。如果再向其分子结构中引入一些含能取代基，如氨基、硝基和叠氮基等，其能量水平将会进一步提高，这类氮杂芳环共轭含能化合物可显现出高能不敏感的特性，具有对静电、摩擦和撞击不敏感，以及热稳定性好的性能，如 DAAT、DAAF 等。

二氨基偶氮呋咱(DAAF)含氮量为 57%，密度 1.7 g/cm$^3$，生成焓为 538 kJ/mol，DSC 起始分解温度为 315℃，撞击感度 $H_{50}$ 大于 320 cm(2.5 kg 落锤)，摩擦感度大于 353 N(BAM 试验)，感度性能优良。DAAF 除了具有高标准生成焓外，其爆轰性能明显优于 HNS。2013 年，周群等针对美国专利存在的反应周期长、步骤多且收率低的问题，开发了一种 DAAF 的新合成方法，二氨基氧化偶氮呋咱直接用锌粉还原，无需重结晶即可得到纯度大于

98%的 DAAF，优化工艺条件后，两步反应收率达到 92%。改进后的 DAAF 合成方法(见图2－10)具有合成步骤短、收率高和操作简单的优点，具有工业化放大前景。

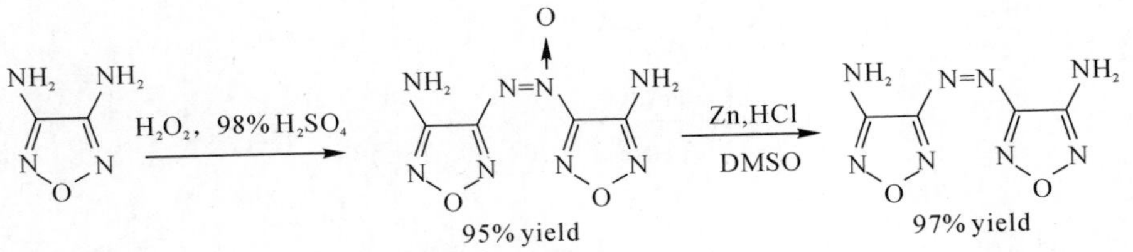

图 2－10　二氨基氧化偶氮呋咱法合成 DAAF 的合成路线

3,3′-偶氮双(6－氨基-1,2,4,5－四嗪)(DAAT)是典型的偶氮四嗪富氮含能化合物，氮含量为 73.47%，生成焓为＋862 kJ/mol，密度为 1.78 g/cm$^3$，具有较好的热稳定性和较低的感度，$H_{50}$为 71 cm，撞击感度和摩擦感度均较低。可用作固体推进剂的候选组分，也可作为气体发生剂使用。DAAT 还可作为含能材料中间体，以此为原料可制备能量性能优异、氧平衡好的高能氧化剂 $DAATO_{3.5}$。现有的合成方法均以 3,6－双-(3,5－二甲基吡唑)-1,2,4,5－四嗪(BDT)为原料。

2006 年，王伯周等以 BDT 为原料，经过偶联、溴代、氨解和水解 4 步反应得到了 DAAT，总收率为 26.4%。这种方法步骤较长且使用了价格昂贵的 NBS 试剂，总收率较低，导致合成成本过高，无工业化扩试前景。为了克服四步法的不足，2009 年，王伯周等开发了一种工艺条件简便、步骤短、收率较高的 DAAT 的合成新方法，该方法避免使用 NBS，显著降低了其制造成本，具有工业化前景。新方法以 BDT 为原料，经氨解、氧化偶氮反应两步即可得到 DAAT，总收率达到 58%，合成路线如图 2－11 所示。

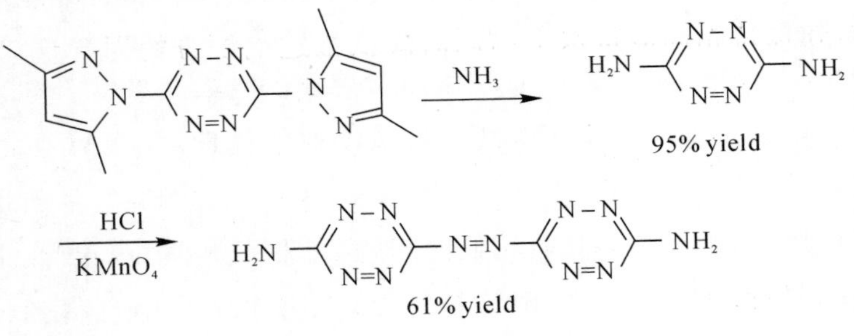

图 2－11　BDT 两步反应法合成 DAAT 的合成路线

此外，研究人员还合成了多种四嗪、四唑和呋咱类化合物，如3,6-二氨基均四嗪-1,4-二氧化物(LAX112)、3,3′-偶氮(6-氨基均四嗪)配位氧化物($DAATO_{3.5}$)、3,6-二肼基均四嗪(DHT)、偶氮四唑肼盐(HZT)、偶氮四唑胍盐(GZT)等。

## 2.2 不敏感黏合剂

黏合剂属于高分子聚合物，是固体推进剂的连续相基体和结构骨架。其分子内含有硝酸酯基等爆炸性基团的称之为含能黏合剂，该类黏合剂既是燃料又可以通过自身提供能量，典型的含能黏合剂即为硝化纤维素(NC)。还有一种是不含爆炸性基团的高分子聚合物黏合剂，称之为惰性黏合剂，如聚丁二烯、聚醚、聚氨酯等。黏合剂本身的性质对推进剂的不敏感特性有着重要影响。

### 2.2.1 乙二醇-聚四氢呋喃-嵌段共聚物

乙二醇-聚四氢呋喃-嵌段共聚物(HTPE)是聚乙二醇和聚四氢呋喃的一种嵌段共聚物，其分子结构式如图2-12所示。可看出，HTPE黏合剂具有独特的嵌段结构，分子主链中含有大量醚键，无侧链基团，因此玻璃化转变温度低，分子链柔顺性好，低温下部分嵌段可以形成微结晶结构，赋予了HTPE黏合剂良好的低温力学性能，其低温力学性能甚至优于HTPB和PET。HTPE黏合剂分子具有较强的极性，因此HTPE与目前常见的硝酸酯增塑剂具有良好的相容性。研究表明，HTPE黏合剂与硝酸酯增塑剂配合使用，可在保持相同能量水平的同时降低推进剂配方的固含量，为提高能量水平提供更大的空间。另一方面，与HTPB推进剂相比，HTPE推进剂具有更低的静电危险性，更好的低温应变性能、点火性能以及不敏感性能。

$$\text{—R}\left[CH_2-CH_2-CH_2-CH_2-O\right]_m\left[CH_3-CH_2-O\right]_n\text{R—}$$

图2-12 HTPE分子结构简式

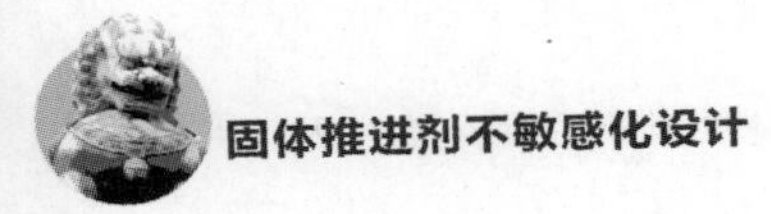


相对于四氢呋喃/环氧乙烷无规共聚醚黏合剂，国内有关聚四氢呋喃-聚乙二醇嵌段共聚醚的研究报道较少。目前，聚四氢呋喃-聚乙二醇嵌段共聚醚的合成主要有两种技术路线，即利用聚乙二醇作为四氢呋喃阳离子开环聚合的终止剂，利用大分子终止法得到嵌段共聚醚，或是通过对聚四氢呋喃(PTHF)和 PEG 的端羟基进行改性，利用端基偶联反应制备嵌段共聚醚。

Goethals 等利用三氟甲磺酸酐引发四氢呋喃阳离子开环聚合反应，当聚合反应进展到一定程度时，向体系内加入聚乙二醇单甲醚以终止反应，从而得到聚乙二醇-聚四氢呋喃-聚乙二醇(PEG－b－PTHF－b－PEG)三嵌段共聚醚。在对此类三嵌段共聚醚的结晶熔融行为进行研究的过程中，发现此类嵌段共聚醚体现出明显的微相分离现象。Catherine Pomel 等人利用同样的方法制备了三嵌段共聚醚，并发现其在生物医药领域有较好的应用前景。此类方法可以较方便地得到 PEG－b－PTHF－b－PEG 三嵌段共聚醚，但由于为了避免扩链反应的发生，必须使用一端为羟基、另一端为惰性基团的 PEG，所以所得三嵌段共聚醚的端基为惰性基团，不符合固体推进剂热固化反应对黏合剂的结构要求，无法作为固体推进剂黏合剂使用。为了得到双端羟基的PEG－b－PTHF－b－PEG 三嵌段共聚醚，可考虑使用一端为羟基、另一端为羟基保护基的 PEG 来终止反应。Kim D. Janda 制备了一系列一端为苄基保护基、另一端为羟基的聚乙二醇，可用来终止此类反应，之后将苄基脱除便可得到双端羟基的 PEG－b－PTHF－b－PEG 三嵌段共聚醚大分子。终止法中 THF 阳离子开环聚合的活性中心无法精确定量，且大分子终止剂在后期提纯过程中不易去除，这都不利于得到高纯度的 PEG－b－PTHF－b－PEG 三嵌段共聚醚黏合剂。Richard A. Barcock 的专利中提出利用甲苯磺酰氯对 PEG 或 PTHF 的端基进行改性，然后利用端基反应得到一系列 PEG－b－PTHF－b－PEG 三嵌段共聚醚和 PTHF－b－PEG－b－PTHF 三嵌段共聚醚。Andriy Voronov 等则以 TDI 为偶联剂，以 PEG 及 PTHF 为预聚物，通过多步反应，并精确控制 PEG 和 PTHF 的投料比得到聚四氢呋喃-聚乙二醇交替多嵌段共聚物，同时还采用一步法得到 PEG 与 PTHF 的无规多嵌段共聚物。在性能研究中 Andriy Voronov 发现 PEG－PTHF 交替多嵌段共聚醚由于微相分离导致硬段形成结晶微区，因此在水中不溶解，但可以溶解于极性或非极性溶液中。PEG－PTHF 无规多嵌段共

聚醚既可溶解于有机溶剂中,也可溶解于水中。利用端基反应制备 PEG - PTHF 嵌段共聚醚必须精确控制 PEG 和 PTHF 的投料比,且分子量只能呈现倍数的增长。

罗运军以 PEG 为大分子起始剂,三氟化硼乙醚络合物为催化剂,环氧丙烷为促开环剂,利用 THF 的阳离子开环聚合制备了 PTHF - b - PEG - b -PTHF 三嵌段共聚醚,产物的分子量可通过调节 PEG 的用量灵活调控,此种方法(见图 2 - 13)合成工艺简单,所得嵌段共聚醚体现出优异的力学性能。

$$HO\text{+}CH_2CH_2O\text{+}_nH + (n_1+n_2)\ \underset{\text{THF}}{\overset{CH_2-CH_2}{\underset{CH_2\quad CH_2\ \ (O)}{|\qquad\quad |}}} \xrightarrow[0℃]{PO,BF_3\cdot OEt_2}$$

$$H\text{+}OCH_2CH_2CH_2CH_2\text{+}_{n_1}O\text{+}CH_2CH_2O\text{+}_n\text{+}CH_2CH_2CH_2CH_2O\text{+}_{n_2}H$$

图 2 - 13 HTPE 合成路线

## 2.2.2 聚叠氮缩水甘油醚黏合剂

聚叠氮缩水甘油醚(GAP)室温下为可流动的黄色粘稠液体,分子结构上其主链为聚醚结构,侧链上则含有叠氮亚甲基,其玻璃化转变温度相对较低,是一种低敏感度含能预聚体黏合剂,典型的 GAP 分子结构式及理化性质见表 2.1。

**表 2.1 典型 GAP 的结构式和理化性质**

| 项 目 | 性能参数 |
|---|---|
| 分子结构简式 | $HO\left[CH_2-\underset{\underset{CH_2N_3}{\vert}}{CH}-O\right]_nH$ |
| 数均相对分子质量/ ($g\cdot mol^{-1}$) | 500～5 000 |
| 密度/ ($g\cdot cm^{-3}$) | 1.3 |
| 黏度/($Pa\cdot s$) | 0.5 ～5.0(25℃) |

续表

| 项　目 | 性能参数 |
|---|---|
| 玻璃化转变温度/℃ | −45 |
| 比生成焓/($kJ \cdot kg^{-1}$) | 1 442.0 |
| 绝热燃烧温度/℃ | 1 200(5MPa) |
| 冲击感度/(kg·cm) | 300 |

用以合成GAP的原材料相对较为常见且廉价,GAP的生成焓为正值,能量水平较高,可以与硝酸酯类增塑剂混溶,而且有利于降低硝酸酯的冲击感度,该预聚体还可以提高高氯酸铵(AP)、奥克托今(HMX)型推进剂的燃速,已逐渐成为各国含能材料工作者争相研究的热点。但将GAP用作含能黏合剂时,同样也会存在一些缺陷:首先,GAP分子侧链叠氮亚甲基的存在会使得其主链的柔顺性变差,而且叠氮亚甲基分子量较大,这也间接造成主链承载的有效原子数变少,导致GAP分子力学性能不够理想;其次,相对分子质量较高的GAP合成较为困难,需要通过共聚改性等手段来改善GAP预聚体的力学性能,并提高其综合性能。

低相对分子质量的GAP可以通过"一步法"来进行合成,以叠氮化钠($NaN_3$)和环氧氯丙烷(ECH)作为原料,在90℃的温度下不使用催化剂即可进行反应,所合成出来的GAP重均分子量仅为500,一般主要用作增塑剂。另外一种合成方法由Vanderberg等在1972年提出,即先聚合后叠氮化,也称之为"两步法"。研究表明,若先将单体叠氮化,所生成的叠氮甲基环氧丙烷(GA)在反应过程会有一定的危险性。因此,Frankel等以$BF_3 \cdot Et_2O$作为引发剂,乙二醇作为助引发剂合成了成聚环氧氯丙烷(PECH)二醇,而后再将其进行叠氮化处理,成功制得了GAP预聚体,反应式如图2-14所示,该工艺方法条件较为成熟,GAP相对分子质量也可控。

叠氮化是两步法中最关键的一步,反应机理为双分子亲核取代反应,反应速率受到离去基团亲核性、反应介质极性等因素的影响,合成方法有相转移催化法和溶剂法。Frankel等采用溶剂法以N,N-二甲基甲酰胺(DMF)作为反应介质来合成GAP,但反应过程一直处于高温,这导致DMF分解产生

了甲酸和二甲胺等小分子，从而降低了产物纯度。有研究者用二甲亚砜(DMSO)代替DMF试图避免发生类似的热分解，但DMSO会使GAP氧化等副反应更加显著。Earl采用非极性低分子量的聚乙二醇(PEG)作为反应介质，在氮气保护的情况下，控制反应温度在95～120℃合成GAP，结果不甚理想。李再峰等采用溶剂法，以DMSO为溶剂制得数均相对分子质量为3 000，平均官能度大约为2的GAP。Wagner等则以相转移催化剂法来促进叠氮化反应，反应中仍以DMF、DMSO、PEG等作为溶剂，相转移催化剂的存在使得叠氮化合物溶解得更为充分，这提高了叠氮阴离子在反应物中的浓度，不仅使所合成的GAP纯度提高，而且提高了叠氮化反应速率。Aronson等也采用相转移催化剂法合成GAP，反应温度控制在80℃，约24 h即可将PECH叠氮化为纯度较高的GAP。此外，Johannessen等采用强羧酸与三氟化硼乙醚混合形成共催化剂，来催化合成GAP，这种方法减少了催化剂的用量，显著缩短了反应时间，减少了诸如环状低聚物等副产物，同时使得GAP分子量分布变窄。

$$\text{环氧氯丙烷}\ (CH_2Cl) + HO\text{—}CH_2CH_2\text{—}OH \xrightarrow[DMF]{BF_3 \cdot Et_2O} H\text{—}[O\text{—}CH(CH_2Cl)\text{—}CH_2]_n\text{—}O\text{—}CH_2CH_2\text{—}O\text{—}[CH_2\text{—}CH(CH_2Cl)\text{—}O]_m\text{—}H \ \ (\text{PECH})$$

$$\xrightarrow[DMF]{NaN_3} H\text{—}[O\text{—}CH(CH_2N_3)\text{—}CH_2]_n\text{—}O\text{—}CH_2CH_2\text{—}O\text{—}[CH_2\text{—}CH(CH_2N_3)\text{—}O]_m\text{—}H \ \ (\text{GAP})$$

图2-14 GAP的合成路线

### 2.2.3 BAMO和AMMO均聚物黏合剂

3,3-二叠氮甲基氧杂环丁烷(BAMO)和3-叠氮甲基氧杂环丁烷(AMMO)的均聚物是目前研究较多的叠氮甲基氧杂环丁烷类含能预聚体。BAMO常温下为淡黄色液体，聚合后生成的均聚物PBAMO中的每个重复结构单元中均含有两个叠氮亚甲基，因而生成焓很高，但其绝热燃烧温度和玻璃化转变温度也都相对较高。PBAMO 感度较低，热稳定性较好，可以满足固体火箭推进剂用黏合剂高能、低敏感、低特征信号的要求。但 PBAMO 侧链引入了大体积、强极性的叠氮亚甲基，会影响主链的自由旋转，因而均聚物柔顺性变差，力学性能也不佳；同时由于其玻璃化转变温度和熔点均较高，这也使其低温力学性能方面受到很大限制；另外，虽然 PBAMO 含氮量高达 50%，但燃速却低于 GAP。与 PBAMO 相比，PAMMO 的撞击感度较低，低温力学性能和热稳定性也更为优良，但 PAMMO 叠氮基的含量相对较低，可以用作含能热塑性弹性体的软段组分。两种典型均聚物 PBAMO 和 PAMMO 的结构式和理化性质见表 2.2。

**表 2.2 典型 PBAMO 和 PAMMO 的结构式和理化性质**

| 项目 | 性能参数 | |
|---|---|---|
| | PBAMO | PAMMO |
| 分子结构简式 | $HO{\left[CH_2-C(CH_2N_3)_2-CH_2-O\right]}_nH$ | $HO{\left[CH_2-C(CH_3)(CH_2N_3)-CH_2-O\right]}_nH$ |
| 数均相对分子质量 | 2 000～3 000 | 3 000～4 000 |
| 密度/（g·cm$^{-3}$） | 1.35 | 1.06 |
| 玻璃化转变温度/℃ | −39 | −45 |
| 比生成焓/(kJ·kg$^{-1}$) | 2 420 | 354.3 |
| 绝热燃温(10 MPa)/℃ | 2 020 | 1 283 |

PBAMO 的合成可分为直接法和间接法，Frankel 等首先以 $BF_3 \cdot Et_2O$ 为催化剂，乙二醇为起始剂进行阳离子开环聚合，合成了 PBAMO，而后众多学者对此工艺进行了改进，取得了良好的效果。PAMMO 的合成亦分为直接法和间接法，李娜等合成了 PAMMO，并对合成工艺进行了优化和分析。

## 2.2.4 BAMO－THF共聚物黏合剂

PBAMO重复单元结构中的叠氮亚甲基具有高度对称性，整个大分子的规整性好，但这也导致了其玻璃化转变温度会比较高。若将四氢呋喃(THF)共聚到BAMO均聚物中，可以得到BAMO－THF共聚物(PBT)，这在一定程度上改善了PBAMO的低温力学性能，降低了其玻璃化转变温度。以BAMO/THF摩尔比60/40的共聚物为例，典型PBT物化性质见表2.3，其结构式及BAMO－THF的共聚反应如图2－15所示。

**表2.3 典型PBT的理化性质**

| 项 目 | 性能参数 |
|---|---|
| 数均相对分子质量/($g\cdot mol^{-1}$) | 2 240 |
| 密度/($g\cdot cm^{-3}$) | 1.27 |
| 熔点/℃ | －27 |
| 玻璃化转变温度/℃ | －61 |
| 比生成焓/($kJ\cdot kg^{-1}$) | 1 185 |
| 绝热燃烧温度/℃ | 851 |



图2－15 PBT的合成

Manser以THF来降低BAMO聚物的结晶性，通过阳离子开环聚合合成了BAMO/THF为50/50的PBT，该种黏合剂性能良好。薛敬和等以三氟甲基磺酸酐双官能基团作为引发剂，利用活性顺序聚合法制备合成了BAMO/THF三嵌段共聚物，研究表明所生成聚合物的相对分子质量大于溶液聚合法所得产物，且低温力学性能也因相对分子质量的增加而变得更好。屈鸿翔等以$BF_3\cdot Et_2O$为催化剂合成了BAMO/THF摩尔比为50/50的叠

氮基共聚物 PBT,合成实验的收率为 70%,以 GPC 和 NMR 试验测得 PBT 的数均、重均相对分子质量分别为 2 900、4 771,而且发现通过调节引发剂和单体的用量可以控制所合成 PBT 的相对分子质量。王永寿等以二氯甲烷作为溶剂,采用阳离子开环聚合合成了 PBT,所得产物 PBT 数均相对分子量为 1 700～2 800,黏度满足黏合剂的一般要求,而且 PBT 的熔点和玻璃化转变温度均会随着 THF 含量的增加而快速下降,因而 PBT 低温力学性能也能明显得到改善。

## 2.2.5 聚缩水甘油醚硝酸酯

聚缩水甘油醚硝酸酯(PGN)是一种侧链上带有—ONO 基团的高能黏合剂,呈透明的黄色液体,是由缩水甘油醚硝酸酯经阳离子开环聚合得到的均聚醚,其分子结构式如图 2-16 所示。PGN 预聚物密度为 1.46 g/cm$^3$,氧平衡值为-60.5%,爆热理论值为 2 661 kJ/kg,是一种高密度、高氧系数的含能黏合剂。PGN 的热分解温度在 210℃左右,130℃时失重百分率为5.9%,热稳定性良好。PGN 具有较低的玻璃化转变温度,根据联合国危险品的危险等级划分标准,其属于低危险性含能黏合剂。

$$HO\!-\!\!\left[\,CH_2-\underset{\displaystyle CH_2ONO_2}{\underset{|}{CH}}-O\,\right]_n\!\!-\!H$$

图 2-16 PGN 分子结构简式

PGN 与硝酸酯有很好的相容性,作高能推进剂用黏合剂可减少或者不用硝酸酯增塑剂,在提高推进剂能量水平的同时可降低推进剂的危险等级,提高推进剂的使用安全性。另外,PGN 的氧含量较高,可显著改善推进剂燃烧过程的氧平衡。因此,PGN 被视为未来最具潜力的高能推进剂的含能黏合剂之一,也是近年来美国、澳大利亚等国家大力发展的高能固体推进剂及高能不敏感塑料黏接炸药(PBX 炸药)用含能黏合剂之一。

# 2.3 不敏感增塑剂

## 2.3.1 丁基硝氧乙基硝胺

硝氧乙基硝胺(NENAs)兼有硝胺和硝酸酯的双重结构，具有良好的热化学特性，对外界刺激的敏感性较低，特别对NC有优良的增塑能力，该类化合物合成工艺简单，易于扩大生产，原材料易得，成本低。丁基硝氧乙基硝胺(Bu-NENA)是一种性能优良的新型含能增塑剂，是将吉纳(DINA)分子结构中的一个乙基硝胺替换为丁基而形成的，分子结构中既含有硝氧基(—O—$NO_2$)和硝胺基(N—$NO_2$)，又含有较长链节的正丁基。由美国康奈尔大学的Blomquist和Fiedorek于1942年首次合成出来，具有能量高、感度低、化学安定性好、熔点低(-27℃)、挥发性较低的特点。Bu-NENA密度为1.21 g/cm$^3$，氧平衡为-101%，标准生成焓为-930 kJ/kg，2 kg落锤条件下的特性落高大于100 cm。在20世纪90年代，鲍冠苓等对Bu-NENA的性能研究表明，其塑化性能、感度、安定性和相容性等明显优于NG，是一种极好的耐低温增塑剂，其分子结构式如图2-17所示。

$$
\begin{array}{l}
C_4H_9-N-CH_2-CH_2-ONO_2 \\
\qquad\quad\;\; | \\
\qquad\quad NO_2
\end{array}
$$

图2-17 Bu-NENA分子结构式

1942年，硝氧乙基硝胺类化合物化合物首次由Georgo Wright和Walter Chute制备得到。一般采用乙酸酐法(见图2-18)合成此类化合物，但产品纯度较低，而合理控制发烟硝酸和乙酸酐用量，可使产品的得率和纯度分别达80%和98%以上。高福磊等以丁基乙醇胺为原料，通过乙酸酐法合成得到BuNENA化合物，获得了较佳的得率和纯度。

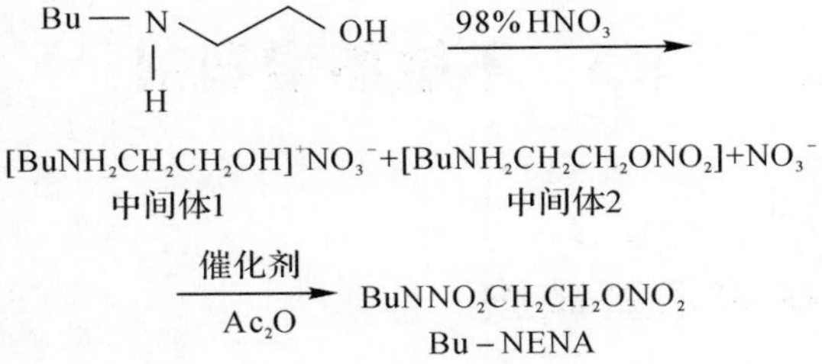

Bu— N
H
OH
98% HNO3
[BuNH2CH2CH2OH]+NO3−+[BuNH2CH2CH2ONO2]+NO3−
中间体1
中间体2
催化剂
Ac2O
BuNNO2CH2CH2ONO2
Bu－NENA

图 2－18　乙酸酐法 Bu－NENA 合成路线图

## 2.3.2　三羟甲基乙烷三硝酸酯

三羟甲基乙烷三硝酸酯(TMETN)是一种微黄色透明油状液体,可溶于乙醚、丙酮、醇及许多其他有机溶剂中,不溶于水、质量分数为 95% 的硫酸等。其密度 1.46 $g/cm^3$,熔点为－3℃(稳定型)/－17℃(不稳定型),沸点 182℃时开始分解,生成热为－1 600 kJ/kg,爆热为 5 171.4 kJ/kg,纯品折光率为 1.475,72℃阿贝尔实验 40 ～ 50 min 不变色。TMETN 作为新型硝酸酯类含能增塑剂,其结构和 NG 类似,有着良好的增塑性能,但其撞击感度和摩擦感度比 NG 不敏感得多,挥发性和吸湿性也很小,黏度约为 NG 的 7.1 倍,且易溶解硝化纤维素,在国外已广泛替代 NG 应用于不敏感推进剂和枪炮发射药中,其分子结构式如图 2－19 所示。

CH2ONO2
CH3
C
CH2ONO2
CH2ONO2

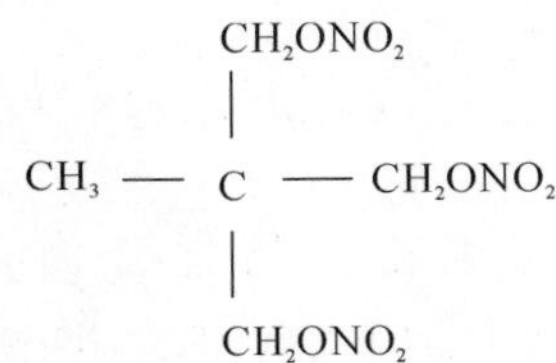

图 2－19　TMETN 分子结构式

Woodman 等提出,在 20℃下,将少量三羟甲基乙烷缓慢加入质量比为 5∶2 的硝硫混酸中(混合前 $HNO_3$ 和 $H_2SO_4$ 质量分数均大于 90%),加料完

毕后搅拌 30 min，冷却至 5℃。粗产品用乙醚提取，经过水洗、$NaHCO_3$溶液碱洗、水洗、$CaCl_2$干燥、过滤等步骤得到 TMETN，收率为 88%。Evangelisti 等将三羟甲基乙烷加入 100%硝酸和二氯乙烷混合液中，加料过程保持反应液温度为 0℃，再于室温下反应 2 h，加入冰水冷却并用戊烷提取。粗产品通过水洗、$NaHCO_3$ 溶液碱洗、$Na_2SO_4$ 干燥、减压除去溶剂等后，处理得到 TMETN，收率为 86%。Barnhart 等在专利中提出了一种液体加料制备 TMETN 的新工艺。具体方法是将三羟甲基乙烷溶于冰醋酸中，溶解完全后(记为溶液 1)，冷却至 25℃，然后将溶液 1 和质量分数 98%的浓硝酸同时加入装有一定量醋酸酐的烧瓶中，保持浓硝酸比醇摩尔比过量 20% 的速率加料。加料完毕后搅拌 15 min，分离、水洗、$NH_3 \cdot H_2O$ 碱洗，得到 TMETN，产率为 90%。此法采用硝酸-醋酐-醋酸硝化体系，制备出的产品比采用浓硝酸或硝硫混酸体系制备出的产品，在废酸环境中表现出更强的稳定性。由于 TMETN 经常和其他含能增塑剂混合使用，Preston 等在专利中提出将三羟甲基乙烷和三乙二醇混合硝化，来制备 TMETN 和三乙二醇三硝酸酯(TEGDN)的混合硝酸酯的方法。具体方法是：将三羟甲基乙烷和三乙二醇、水按一定比例制备成混合液(记为混合液 a)，加热至 51℃；将质量分数均为 98% ～ 100%的硝酸和硫酸按 1∶1 的质量比制成混酸，冷却至 0℃。在 0～ 20℃下，缓慢将混合液 a 加入混酸中，加料完毕搅拌 10 min，静置分离。粗产品经水洗、$Na_2CO_3$碱洗等步骤，得到 TMETN 和 TEGDN 的无酸混合物。

与此方法类似，有专利采用三羟甲基乙烷和二乙二醇混合硝化制备出 TMETN 和 DEGDN 的混合硝酸酯。Bellamy 等提出三氟乙酸酐在硝化条件下可用来保护羟基。因此，他们采用 3 -羟甲基- 3 -甲基氧杂环丁烷为原料，在$(CF_3CO)_2O$ 保护下，在过量的 $N_2O_5/H_2SO_4$硝化体系中进行有选择的硝化，生成 2 -甲基- 2 -三氟乙酰氧甲基- 1,3 -二硝酸酯基丙烷，之后用 $MeOH/K_2CO_3$ 在 20℃下解保护，生成 2 -羟甲基- 2 -甲基- 1,3 -二硝酸酯基丙烷，继续用 $N_2O_5/CH_2Cl_2$ 硝化，从而生成 TMETN，反应流程如图 2 - 20 所示。

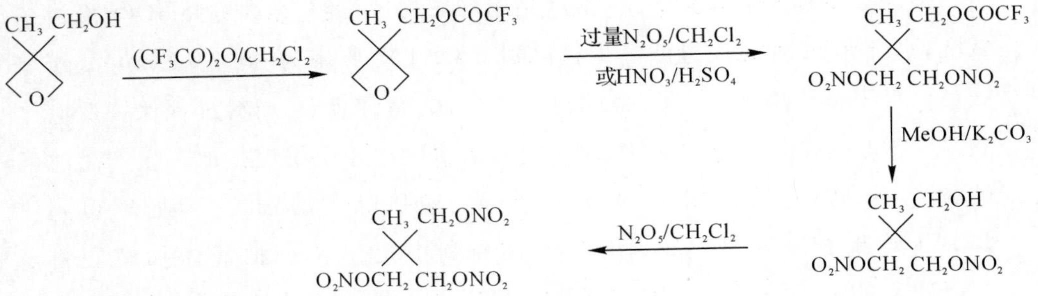

$CH_3\ CH_2OH$（氧杂环丁烷） $\xrightarrow{(CF_3CO)_2O/CH_2Cl_2}$ $CH_3\ CH_2OCOCF_3$（氧杂环丁烷） $\xrightarrow[\text{或}HNO_3/H_2SO_4]{\text{过量}N_2O_5/CH_2Cl_2}$ $CH_3\ CH_2OCOCF_3$ / $O_2NOCH_2\ CH_2ONO_2$

$\xrightarrow{MeOH/K_2CO_3}$ $CH_3\ CH_2OH$ / $O_2NOCH_2\ CH_2ONO_2$ $\xrightarrow{N_2O_5/CH_2Cl_2}$ $CH_3\ CH_2ONO_2$ / $O_2NOCH_2\ CH_2ONO_2$

图 2-20　TMETN 合成路线

## 2.3.3　1,2,4-丁三醇三硝酸酯

1,2,4-丁三醇三硝酸酯(BTTN)是一种化学性质稳定的化合物，其分子结构式如图 2-21 所示，其化学安定性好，标准生成焓为－398 kJ/mol，凝固点为－27℃，成为高能固体推进剂中一种较好的含能增塑剂。BTTN 分子结构中存在不对称碳原子，具有 2 个对应异构物。通常合成的 BTTN 是外消旋的，因此它的低温性能特别好，在纯态下难以冻结，用它作增塑剂对于防止推进剂低温脆变是非常有效的。BTTN 与硝化甘油混合后，不但能使混合酯冰点下降，且能改善推进剂的低温力学性能，降低推进剂的安全等级。主要表现在：推进剂低温下仍有较大的延伸率；低温贮存一段时间后，推进剂延伸率下降较少；推进剂经受高低温循环试验不脆变。这表明，BTTN 增塑的推进剂具有更好的低温力学性能，从推进剂的能量和低温力学性能综合考虑，新研制的高能低温不脆变 NEPE 推进剂采用 NG/BTTN 质量比 50/50 混合增塑剂。

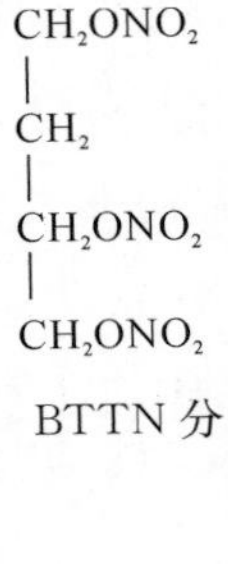

$CH_2ONO_2$
|
$CH_2$
|
$CH_2ONO_2$
|
$CH_2ONO_2$

图 2-21　BTTN 分子结构式

NG和BTTN混合硝化法具有工艺简单、易于控制、操作安全等优点，而且已经实现了工业化生产。

## 参考文献

[1] 张琼方，张教强.钝感固体推进剂的研制与进展[J].含能材料，2004(6):371-375.

[2] 王军，董海山.TATB合成方法研究的进展[J]，含能材料，2001，9(1):14-17.

[3] 周诚，周彦水，黄新萍，等.1，1-二氨基-2，2-二硝基乙烯的合成和性能[J]，火炸药学报，2005，28(2):65-67.

[4] 王锡杰，周诚，王伯周，等.高收率合成DADE的新方法[J]，火炸药学报，2005，28(1):61-62.

[5] 郭峰波，刘玉存，刘登周，等.2，6-二氨基-3，5-二硝基-1-氧吡嗪合成工艺优化[J]，火炸药学报，2006，29(1):17-22.

[6] 李海波，聂福德，李金山，等.2，6-二氨基-3，5-二硝基吡嗪-1-氧化物的合成及其晶体结构[J]，合成化学，2007，15(3):296-300.

[7] 王友兵，黄凤臣，张蒙蒙，等.千克级LLM-105合成和三氟乙酸回收技术[J]，含能材料，2015，23(1):29-32.

[8] ZHAO X F，LIU Z L. An improved synthesis of 2，6-diaimo-3，5-dinitropyrazine-1-oxide [J]. Journal of Chemical Research，2013，37(7):425-426.

[9] 葛忠学，毕福强.高能不敏感含能材料——HATO[J].含能材料，2014，22(4):434-43.

[10] FISCHER N, FISCHER D，KLAPOTHE T M. Pushing the limits of energetic materials: the synthesis and characterization of didydroxylammonium 5，5′-bistetrazole-1，1′-diolate[J]. Journal of Materials Chemistry，2012，22(38):20418-20422.

[11] 赵廷兴，田均均，李磊，等.5，5′-联四唑-1，1′-二氧二羟铵(TKX-50)

50 克量级制备放大工艺[J]. 含能材料,2004,22(6):744 - 747.

[12] 刘栓虎,程根旺,骆广梁. 高能推进剂不敏感含能材料研究现状[J]. 化学推进剂与高分子材料,2010,8(2):5 - 10.

[13] 刘衍,王伯周,张志忠. N -脒基脲二硝酰胺盐的合成与性能[J],火炸药学报,2006(1):29 - 31.

[14] 王恩普, 李建. 混合硝化制备 NG/BTTN 混合酯工 艺方法研究[J]. 北京理工大学学报, 1992, 12(1): 48 - 53.

[15] 周群,王伯周,张叶高,等. 3,3′-二氨基- 4,4′-偶氮呋咱合成工艺的改进及性能[J]. 火炸药学报,2013,36(2):16 - 19.

[16] 罗义芬,周群,王伯周,等. 高能氧化剂 N -氧化- 3,3′-偶氮-双(6 -氨基-1,2,4,5 -四嗪)合成与性能[J],含能材料,2014,22(1):7 - 11.

[17] 王伯周,廉鹏,刘愆,等. 富氮化合物 3,3′-偶氮双(6 -氨基- 1,2,4,5 -四嗪)合成研究[J],火炸药学报,2006,29(2):15 - 18.

[18] 王伯周,来蔚鹏,廉鹏. 3,3′-偶氮-双(6 -氨基- 1,2,4,5 -四嗪)新法合成/表征与量子化学研究[J],有机化学,2009,29(8):1243 - 1248.

[19] ZEIGLER J E H. Co - nitrating trimetholethane and diethylene glycol: US, 4352699[P]. 1982 - 10 - 05.

[20] BELLAMY A J, MACCUISH A. The use of trifl uoroacetyl as an N - and O - protecting group during the synthesis of energetic compounds containing nitramine and/or nitrate ester groups[J]. Propellants, Explosives, Pyrotechnics, 2007, 32(1):20 - 31.

[21] WITTE I C D, GOETHALS E J. Synthesis and block - specific complexation of poly(ethyleneoxide) - poly(tetrahydrofuran) - poly (ethylene oxide) triblock copolymers[J]. Polym. Adv. Technol., 1999, 10(5): 287 - 292.

[22] POMEL C, LEBORGNE C, CHERADAME H, et al. Synthesis and evaluation of amphiphilicpoly(tetrahydrofuran - b - ethylene oxide) copolymers for DNA delivery into skeletal muscle[J]. Pharm. Res., 2008, 25(12): 2963 - 2971.

[23] REED N N, JANDA K D. A One - Step Synthesis of monoprotected

polyethylene glycolethers[J]. J. Org. Chem., 2000, 65(18): 5843-5845.

[24] HEVUS I, KOHUT A, VORONOV A. Amphiphilic invertible polyurethanes: Synthesis and properties[J]. Macromolecules, 2010, 43(18): 7488-7494.

[25] 汪存东，罗运军，夏敏，等. 端羟基 PTHF-PEO-PTHF 嵌段共聚醚的合成与表征[J]. 固体火箭技术，2011，34(2)：202-206.

[26] FRANKEL M B, GRANT L R, FLANAGAN J E. Historical development of glycidyl azide polymer[J]. Journal of Propulsion and Power, 1992,8(3): 560-563.

[27] 梁磊，贠妮，耿孝恒，等. 聚叠氮缩水甘油醚 GAP 的合成及性能研究[J]. 中北大学学报(自然科学版)，2014，35(2)：177-181.

[28] VANDERBERG E J, WOODS F. Polyethers containing azidomethyl side Chains: US, 3645917[P]. 1972.

[29] FRANKEL M. EnergeticHydroxy-Terminated Azide Polymer: US, 4268450[P]. 1981.

[30] FRANKEL M B, WITUCKI E F, DEAN O. Aqueous process for the quantitative conversion of polyepichlorohydrin to glycidyl azide polymer: US, 4379894[P]. 1983.

[31] Earl R A. Use of polymeric ethylene oxides in the preparation of glycidyl azide polymer: US, 4486351[P]. 1984.

[32] 李再峰，冯增国，侯竹林. 叠氮粘合剂 GAP 的合成及性能分析[J]. 青岛化工学院学报，1997(2)：55-60.

[33] PRESTON S B. Co-nitration of trimethylolethane and triethylene glycol: US, 5454891[P]. 1995-10-03.

[34] 刘建新，汪存东，潘洪波，等. 含能叠氮高分子黏合剂的研究进展[J]. 高分子通报，2014，(9)：10-18.

[35] EUGENE B R, MORRIS C R. Process for manufacture of nitric esters of normally solid primary alcohols: US, 545538[P]. 1951-03-20.

[36] 葛震,罗运军,郭凯,等. BAMO均聚物及共聚物合成研究进展[J]. 含能材料,2009,17(6):745-750.

[37] Frankel M B. Synthesis of energetic compounds: AD Al03844[A]. 1981.

[38] Evangelisti Camilla, Klapotke Thomas M, Krumm Burkhard, et al. Sila-substitution of alkyl nitrates: Synthesis, structural, characterization, and sensitivity studies of highly explosive (nitratomethyl)-, bis(nitratomethy)-, and tris(nitratomethyl) silanes and their corresponding carbon analogues[J]. Inorganic Chemistry, 2010, 49(11): 4 865-4 880.

[39] 李娜,甘孝贤,邢颖,等. 含能粘合剂PAMMO的合成与性能研究[J]. 含能材料,2007,15(1):53-55.

[40] WOODMAN A L, ADICOFF A. Vapor pressure of tiracetin, triethylene glycol dinitrate, and metriol trinitrate[J]. Journal of Chemical and Engineering Data, 1963, 8(2): 241-242.

[41] HSIUE G H, LIU Y L, CHIU Y S. Triblock copolymers based on cyclic ethers: Preparation and properties of tetrahydrofuran and 3,3-bis(azidomethyl) oxetane triblock copolymers[J]. Journal of Polymer Science(Part A Polymer Chemistry), 1994, 32(11):2155-2159.

[42] 屈红翔,冯增国,于永忠. 3,3-双(氯甲基)氧杂环丁烷的制备[J]. 精细化工,1998(3):10-11.

[43] 王永寿. BAMO系聚合物的合成与特性评价[J]. 固体火箭技术,1992(4):70-79.

[44] 韩琳,王新德,王波,等. 含能黏合剂聚缩水甘油醚硝酸酯合成研究进展[J]. 化学推进剂与高分子材料,2007,5(3):19-23.

[45] 刘栓虎,程根旺,骆广梁,等. 高能推进剂不敏感含能材料研究现状[J]. 化学推进剂与高分子材料,2010,(2):5-10.

[46] 陈中娥. PGN:高能量密度固体推进剂含能组分[J]. 化学推进剂与高分子材料,2010,8(1):12-16.

[47] BYOUNG S M, YOUNG C P. A study on the aliphatic energetic plasticizers containing nitrate ester and nitramine[J]. Journal of Industrial and Engineering Chemistry, 2009, 15(4):595-601

[48] 鲍冠苓，沈琼华，李遵来. 羟乙基丁硝胺硝酸酯增塑剂的性能研究[J]. 兵工学报(火化工分册)，1995,10(2)：43-44.

[49] GEORGE F W, WALTER J C. Nitramines and their preparation: US, 2461582[P]. 1949.

[50] 高福磊,姬月萍,李普瑞,等. 硝氧乙基硝胺系列化合物的合成与表征[J],含能材料,2011,19(5):497-500.

[51] 徐琰璐,薛金强,刘飞,等. 三羟甲基乙烷三硝酸酯的合成及应用[J]. 化学推进剂与高分子材料,2014,8(6):70-72,78.

# 第3章 改性双基推进剂不敏感化理论及应用

本章主要介绍了改性双基推进剂的不敏感化方法。首先阐述了改性双基推进剂不敏感化理论，进一步梳理了RDX、FOX-7等高能填料对改性双基推进剂感度的影响，其次从高感度组分降感设计及不敏感材料在推进剂中的应用等方面介绍了改性双基推进剂的不敏感化途径，最后基于改性双基推进剂安全性提出了具备应用前景的配方设计方案。

改性双基(CMDB)推进剂具有特征信号(烟雾、尾焰)低的显著优点,能够有效降低对激光、红外制导信号的干扰,保障导弹和发射平台的隐身性能,提升武器的精确打击能力、高效突防能力以及平台的战场生存能力,是现役战术武器的重要推进剂品种之一。近年来,随着我国武装直升机、武装舰艇等高价值武器平台的飞速发展,大量应用CMDB推进剂的战术导弹被装备于高价值武器平台。CMDB推进剂配方中含有大量高敏感的硝胺炸药、硝化棉(NC)、硝化甘油(NG)等含能材料,导致其感度较高。据统计,装备CMDB推进剂的战术导弹在勤务、贮存及使用过程中发生意外燃爆,已成为导致高制造成本武器平台巨大损失的主要原因之一。战术导弹用高能固体推进剂装药不敏感化,已成为当下提升高价值武器平台生存能力的关键技术途径之一。

## 3.1 改性双基推进剂不敏感化理论

改性双基推进剂因其自身配方体系中含有高含量的硝化甘油(NG)和高能材料(如RDX/HMX等)组分,其机械感度和冲击波感度相对较高,属于具有整体爆炸危险性的物质，国内外研究者均将其归属于1.1级；改性双基推进剂仅在快速烤燃试验考核中表现为燃烧，在慢速烤燃、子弹撞击、破片撞击、射流和殉爆等试验考核时均发生爆燃或爆轰。作为空地导弹、反坦克导弹、航空火箭弹等弹药的重要组成部分，改性双基推进剂装药中NG、RDX和HMX是影响上述弹药不敏感特性的最大制肘因素。

### 3.1.1 硝化甘油热感度

目前，我国改性双基推进剂采用硝酸酯作为增塑剂，其中硝化甘油NG为最主要组分之一。众所周知，硝化甘油具有较高的热感度，在热的作用下容易发生分解，进而引发爆炸。研究表明，化合物的热感度与分子结构因素具有明确的相关性，而量子化学的理论算法为研究炸药分子结构特性与其感度之间的内在联系提供了快捷、直观的研究方法。其中，最小键级法是用化合物体系中最弱键的键级来判定感度的一种方法，键级的大小反应了键的强弱，键级越大，表明电荷的重叠程度越高，键越强，化合物越稳定。

以Gaussian 09软件对硝化甘油的分子结构进行理论计算，并运用B3LYP方法在6－31G水平上对硝化甘油的分子结构进行了优化。频率分析发现无虚频，表明优化后的结构(见图3－1)为最优结构。在此基础上，对优化后的硝化甘油结构进行了键级分析，结果见表3.1。

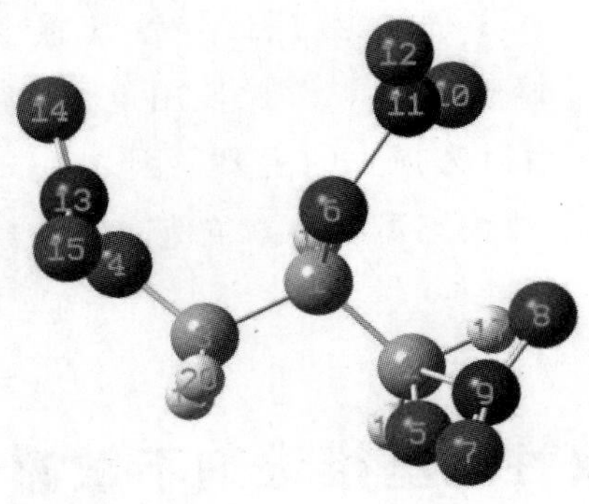


图3－1　硝化甘油的稳定构型

表 3.1 硝化甘油的键级

| 化学键 | 键 级 | 化学键 | 键 级 | 化学键 | 键 级 |
|---|---|---|---|---|---|
| C1—C2 | 0.999 7 | O5—N9 | 0.8195 | O12—N11 | 1.606 3 |
| C1—C3 | 0.990 8 | O7—N9 | 1.603 3 | O4—N13 | 0.816 7 |
| C3—O4 | 0.894 1 | O8—N9 | 1.542 6 | N13—O14 | 1.595 2 |
| C2—O5 | 0.885 5 | O6—N11 | 0.836 7 | N13—O15 | 1.553 4 |
| C1—O6 | 0.860 5 | O10—N11 | 1.524 3 | | |

从表 3.1 中的键级结果可看出，硝化甘油分子中硝酸酯基团的 O—$NO_2$ 单键(O5—N9、O6—N11 和 O4—N13)的键级仅为 0.82 左右，明显小于分子中的其他化学键，是 NG 分子中键级最小的三个化学键，因此，硝酸酯基团的 O—N 键是 NG 分子键能最小的化学键。硝化甘油受热时，硝酸酯基团的 O—N 单键容易引发此三个化学键的断裂，释放出 $NO_2$，而 $NO_2$ 分子对硝化甘油的分解具有明显的自催化作用，如此"恶性"循环，放出的大量的热量积聚，最终引发爆炸。

由此可见，硝化甘油的热感度与其分子中硝酸酯基团 O－$NO_2$ 键的不稳定性密切相关。

### 3.1.2 硝化甘油的机械感度

硝化甘油的机械感度很高(撞击感度约为 15 cm，摩擦感度为 100%)，受冲击、摩擦或震动时极易发生爆炸。为了从分子角度探究其高机械感度的来源，利用 Gaussian 09 程序，以 HF 方法在 STO－3G 水平上对液体硝化甘油分子间的相互作用力进行了理论研究。下面以两个硝化甘油分子为例，说明其分子间的相互作用力，如图 3－2 所示。

由图 3－2 不难看出，两个硝化甘油分子间的最小距离仅为 0.210 3 nm，具有较大的结合能，分子间的相互作用主要发生在－$NO_2$ 上的 O 原子与另一分子相近 C－H 键上 H 原子之间的氢键作用，是分子间的主要作用力。同时，硝化甘油分子间还具有普遍的范德华作用。

液体硝化甘油的分子之间较强的氢键作用和范德华力使得分子与分子之间表现出较强的黏性，硝化甘油在受到外部机械作用时，分子间的相互位移会破坏原氢键作用，同时减弱分子间的范德华力。另一分子的 C－H 对硝基的拉伸作用使得酯基中 O－N 键变长，从而更加不稳定，容易释放出 $NO_2$ 分子，而大量的研究表明，$NO_2$ 分子的释放可使含能化合物的机械感度增加。

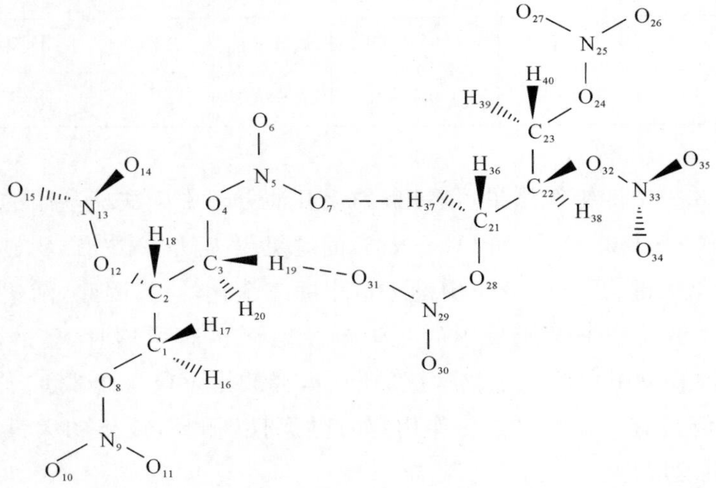

图 3－2　硝化甘油分子间的相互作用情况

由此可见，分子间存在的氢键和范德华力等相互作用力是影响液体硝化甘油机械感度的主要因素，硝酸酯在受到外界撞击、摩擦等刺激时，其分子间的内摩擦（分子间位移）是引发硝酸酯燃烧与爆炸的最根本原因。

## 3.1.3　单质炸药感度

RDX（环三亚甲基三硝胺，又名黑索金）和 HMX（环四亚甲基四硝胺，又名奥克托今）均为常见的高能单体猛炸药，可作为混合炸药、传爆药、固体推进剂和发射药配方中的高能组分或氧化剂使用，而应用在航天、国防和国民经济等诸多领域。因为二者均为环杂硝胺类化合物，分子结构相似，分别如图 3－3 和图 3－4 所示，所以具有类似的热解和起爆机理。

选用 Accelrys 公司的 MS 程序和 COMPASS 力场，构建了适合用于相

互比较的 HMX 和 RDX 的等原子超晶胞模型，在不同温度和 NPT 系综下，完成 MD 研究，重点探讨了结构、能量与感度的关系。RDX 和 HMX 晶体的单胞结构取自文献中的中子衍射结果，每个单胞均含 8 个 RDX 分子和 2 个 HMX 分子. 分别建立(2×2×3)RDX 超晶胞和(3×3×4)HMX 超晶胞，使分别包含 96 个 RDX 分子和 72 个 HMX 分子的 2 个模拟周期箱中均包含 2016 个原子，即模拟体系大小和质量相等，有利于模拟结果的合理比较。

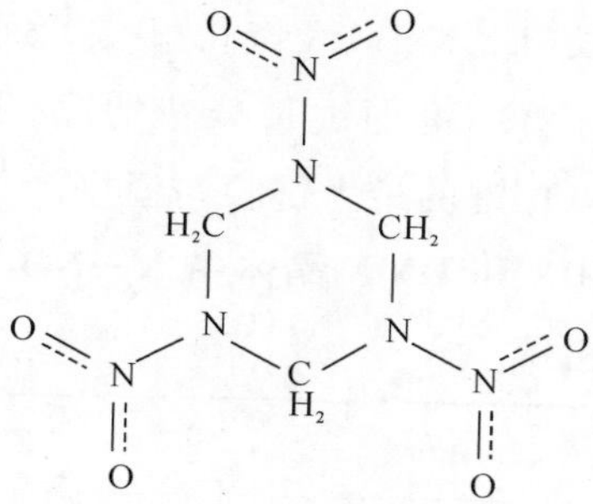

图 3-3　RDX 结构图

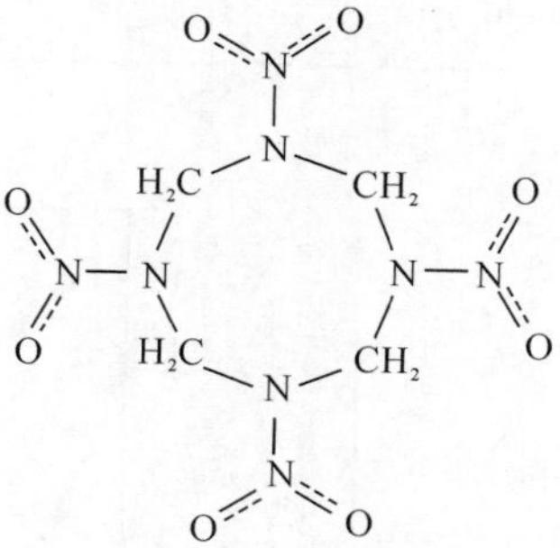

图 3-4　HMX 结构图

将 RDX 和 HMX 的超晶胞分别在 COMPASS 力场及 NPT 系综下进行 MD 模拟。模拟过程中温度和压力的控制分别采用 Anderson 和 Parrinello 方法，范德华(vdW)力和静电作用(Coulomb)的计算则分别采用 Atom - based 和 Ewald 加和方法，截断半径 $9.5\times10^{-10}$ m，并进行截断尾部校正。

1. 引发键最大键长与感度的关系

高能化合物的引发键是其分子中所有化学键中最弱的，在外界作用下该键将优先断裂而引发分解和起爆，N—$NO_2$键就是硝胺类高能物质的热解或起爆的引发键。通常实验和理论计算只给出分子中的平均键长，而 MD 模拟可提供 N—$NO_2$键长的统计分布，对于探讨高能体系的起爆、感度和安全性具有重要意义。

表 3.2 列出了基于 MD 模拟轨迹所得的不同温度下 RDX 和 HMX 晶体中 N—$NO_2$键的平均键长($L_{ave}$)和最大键长($L_{max}$)值。图 3-5 给出了295 K 下 RDX 和 HMX 的 N—$NO_2$ 键的键长分布情况，图 3-6 给出了 RDX 和 HMX 平衡体系中 N—$NO_2$ 键的最大键长与温度的关系。

**表 3.2　不同温度下 RDX 和 HMX 晶体中 N—$NO_2$ 键的平均键长($L_{ave}$)和最大键长($L_{max}$)值**

| 晶体 | 平均键长($L_{ave}$)/nm | | | | | 最大键长($L_{max}$)/nm | | | | |
|---|---|---|---|---|---|---|---|---|---|---|
| | 195 K | 245 K | 295 K | 345 K | 395 K | 195 K | 245 K | 295 K | 345 K | 395 K |
| RDX | 0.139 5 | 0.139 8 | 0.139 8 | 0.139 9 | 0.140 0 | 0.155 0 | 0.157 7 | 0.160 2 | 0.162 5 | 0.163 5 |
| HMX | 0.139 4 | 0.139 6 | 0.139 7 | 0.139 9 | 0.140 0 | 0.154 7 | 0.157 0 | 0.159 0 | 0.162 0 | 0.163 2 |

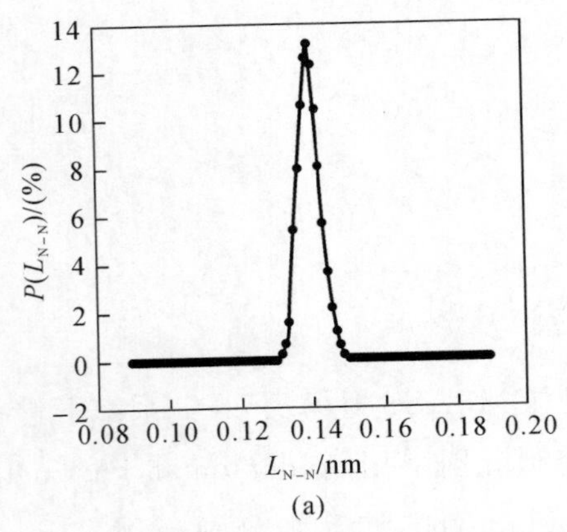


(a)

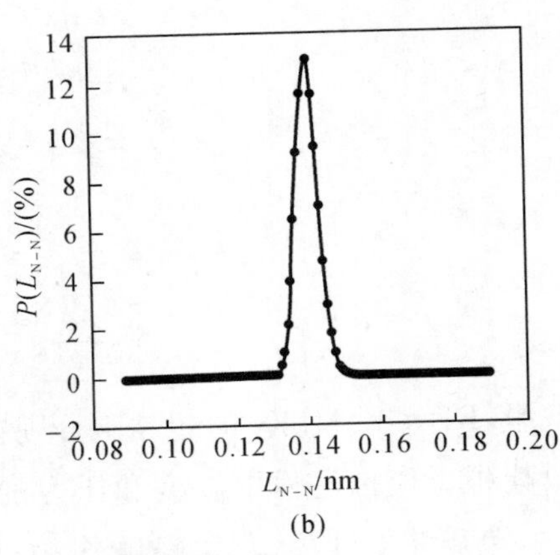


(b)

图 3-5　295K 下 RDX 和 HMX 的 N—$NO_2$键的键长分布情况

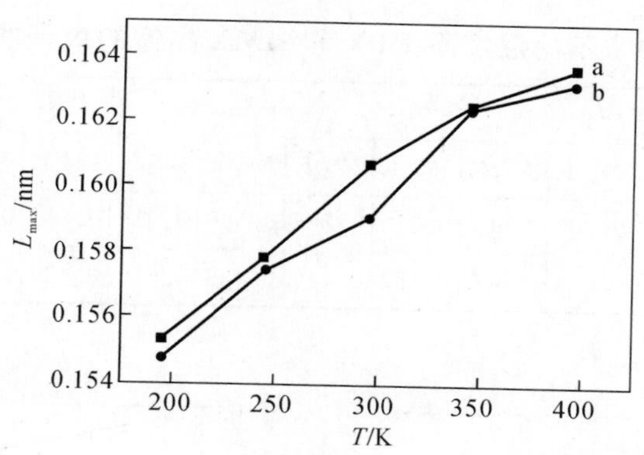


图 3-6 RDX 和 HMX 平衡体系中 N—$NO_2$ 键的最大键长与温度的关系

由表 3.2、图 3-5 和图 3-6 可见，RDX 和 HMX 晶体在 295 K 时引发键键长分布均呈近似对称的高斯分布，平均键长近似相等. 在 RDX 晶体中，引发键键长在 0.133 6～0.146 6 nm 范围内的占 98%，在 HMX 晶体中，引发键键长处于 0.1330～0.146 0 nm 范围内的占 98%，二者的平均键长均在 0.139 8 nm附近，与它们的实验键长（RDX 为 0.141 3 nm，HMX 为 0.1373 nm 和0.135 4 nm）较为相近。两者平均键长和最可几键长随温度升高的变化很小，而最大键长随温度升高显著增大，与感度随温度升高而增大的实验结果吻合。由表 3.2 和图 3-6 还可见，在每个温度下，RDX 的 $L_{max}$ 均大于 HMX，这与 RDX 比 HMX 感度大的实验结果相吻合。由此可见，可利用 RDX 和 HMX 晶体中引发键（N—$NO_2$）的 $L_{max}$ 判别这些化合物的热和撞击感度的相对大小。虽然 $L_{max}$ 键长在统计分布中只占 $10^{-8}$，但仍值得特别关注；具有 $L_{max}$ 的分子能量很高，非常活泼，根据只有活化的分子才能发生化学反应的碰撞理论可知，具有 $L_{max}$ 的活泼分子中的引发键最容易断裂，进而引发分解和起爆。

2. 内聚能密度与感度的关系

内聚能密度（CED）是单位体积内 1 mol 凝聚体克服分子间作用力变为气态时所需的能量，可由实验测得。在 MD 模拟中，CED 是范德华（vdW）力与静电力之和，即分子间的非键力。表 3.3 给出了基于 MD 模拟轨迹求得的不同温度下 RDX 和 HMX 晶体的内聚能密度及其分量，如图 3-7 所示。

表 3.3 不同温度下 RDX 和 HMX 晶体的内聚能密度

| 晶体 | CED/(kJ·cm$^{-3}$) | | | | $E_{vdW}$/(kJ·cm$^{-3}$) | | | | $E_{Electrostatic}$/(kJ·cm$^{-3}$) | | | |
|---|---|---|---|---|---|---|---|---|---|---|---|---|
| | 195 K | 245 K | 295 K | 345 K | 195 K | 245 K | 295 K | 345 K | 195 K | 245 K | 295 K | 345 K |
| RDX | 0.778 | 0.745 | 0.706 | 0.607 | 0.370 | 0.366 | 0.346 | 0.310 | 0.402 | 0.386 | 0.362 | 0.255 |
| HMX | 0.886 | 0.856 | 0.828 | 0.800 | 0.452 | 0.446 | 0.429 | 0.410 | 0.430 | 0.414 | 0.400 | 0.372 |

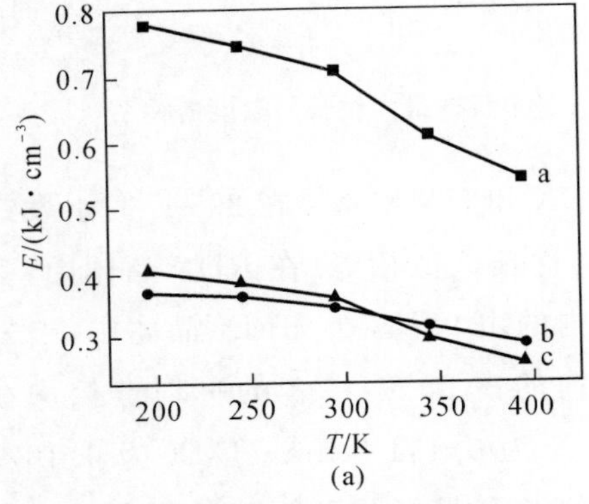

(a)

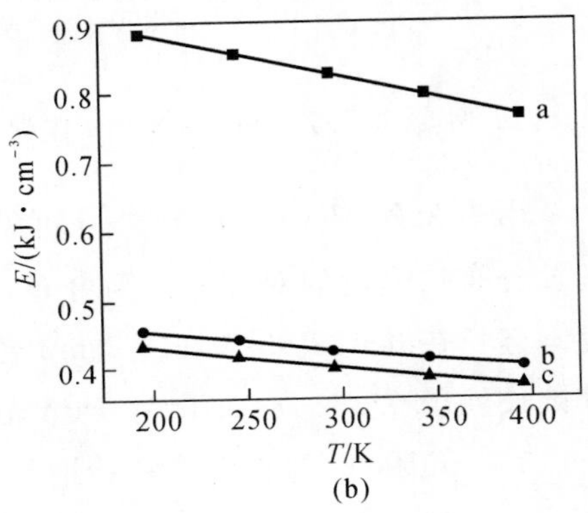

(b)

图 3-7 不同温度下 RDX 和 HMX 晶体的内聚能密度分布图

由表 3.3 和图 3-7 可见，随着温度的升高，RDX 和 HMX 晶体的 CED、vdW 力和静电力均单调递减，表明它们由晶态变为气态时所需能量变小，这与温度升高感度增大的实验结果一致；在同一温度下，RDX 晶体的 CED 均小于 HMX 晶体的相应值，与 RDX 感度大于 HMX 的实验结果相符。由此表明，RDX 和 HMX 晶体中的 CED 在一定条件下也可用于热感度相对大小的理论判别。

## 3.1.4 推进剂降感设计

由上述 NG、RDX 和 HMX 感度理论研究可知，想要实现改性双基推进剂不敏感化，就需要从高感度组分的降感以及采用不敏感材料替换高感度材料两个方面进行设计。

## 3.2 高能填料对改性双基推进剂感度的影响

### 3.2.1 黑索今

黑索今(RDX)是一种应用广泛、性能良好的高能单质炸药，在目前发展高能低感炸药的背景下，采取有效方法降低其感度显得尤为重要。目前，许多国家都在进行降低RDX感度的研究，并取得了一定成果。RDX降感主要途径有以下两个方面。

1. 晶体形貌改善或者球形化

法国SNPE公司对RDX进行了降感研究，在国际上首先研制了不敏感RDX(I-RDX)，目前已经批量生产；澳大利亚也进行了类似的研究，并命名不敏感后的RDX为RS-RDX(Reduced Sensitivity-RDX)。I-RDX和RS-RDX的晶体形状与普通RDX有着明显的差异，表现为外形圆滑、棱角较少、晶体透明度高、内部缺陷较少；由其制备的混合炸药的冲击波感度大幅度降低，表现出不敏感炸药的显著特征；红外、核磁等化学结构分析和热分析表明其与普通RDX无显著差异。

2. 对RDX进行改性

目前，超细化、复合化是推进剂材料的发展趋势。同时，球形药制备也是推进剂重要研究方向之一。在国内，陈人杰等利用溶胶-凝胶法制备了以$SiO_2$为凝胶骨架，AP与RDX进入凝胶孔洞的RDX/AP/$SiO_2$复合含能材料；李江存等利用层层组装法制备了以RDX为核心物质、NC为最外层、高分子键合剂LBA-201为中间层的包覆球，粒度达到1.84 μm；安崇伟等采用化学沉淀法对RDX进行表面包覆，制备了RDX/硬脂酸铅复合粒子，机械感度明显降低。

#### 3.2.1.1 RDX含量对推进剂摩擦感度的影响

采用爆炸概率法测试不同RDX含量的改性双基推进剂摩擦的感度，结果如图 3－8 所示。

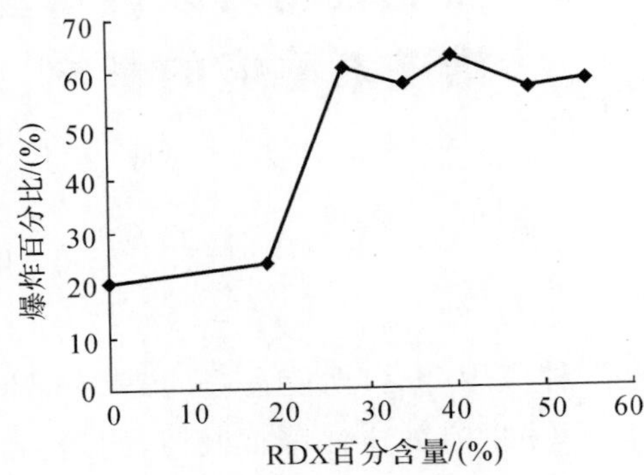


图 3－8　不同 RDX 含量改性双基推进剂的摩擦感度测试结果

结果显示，在双基推进剂中添加 RDX 以后，摩擦爆炸概率呈上升趋势，添加 18％(质量分数)RDX 的推进剂摩擦爆炸概率升高的幅度不大，但当 RDX 含量达到 25％以后，样品摩擦爆炸概率大幅度升高，达到 60％以上，而 RDX 含量超过 30％以后，推进剂摩擦爆炸概率值则基本稳定在 60％左右，不再升高。

#### 3.2.1.2　球形化 RDX 的应用研究

球形化黑索今是通过对黑索今进行球形化改性，使其具有高毁伤威力、高可靠性和易操作性的低感度高威力炸药。

采用球形化 RDX 替代改性双基推进剂中的普通 RDX，并进行对比试验，试验配方及各项性能测试结果见表 3.4～表 3.6。

**表 3.4　球形化 RDX 应用试验配方**

| 序　号 | NC 含量/(％) | NG 含量/(％) | 其他成分含量/(％) | RDX 含量/(％) |
|---|---|---|---|---|
| 1 | 30 | 30 | 10 | 30(普通) |
| 2 | 30 | 30 | 10 | 30(球形化) |

**表 3.5 球形化 RDX 替代普通 RDX 推进剂的燃速变化**

| 压强/MPa | | 10 | 12 | 14 | 16 | 18 |
|---|---|---|---|---|---|---|
| 燃速/(mm·s$^{-1}$) | 1 | 19.74 | 20.59 | 22.28 | 23.64 | 25.25 |
| | 2 | 20.29 | 21.07 | 21.68 | 23.43 | 24.30 |

注：+20℃下，不同压强(MPa)下的燃速/(mm·s$^{-1}$)。

**表 3.6 高品质 RDX 替代普通推进剂的理化性能和感度变化**

| 序号 | 爆热/(kJ·kg$^{-1}$) | 密度/(g·cm$^{-3}$) | 甲基紫变色时间/min | 摩擦感度/% | 撞击感度/cm |
|---|---|---|---|---|---|
| 1 | 5 280 | 1.69 | 79 | 34 | 22.8 |
| 2 | 5308 | 1.69 | 79 | 24 | 30.5 |

从表 3.5 和表 3.6 可以看出，采用球形化 RDX 取代普通 RDX 后，推进剂燃速压强指数降低，摩擦感度和撞击感度均降低了。因此，球形化 RDX 对推进剂的各项性能均有所改善，可以作为推进剂主要降感措施。

## 3.2.2 奥克托今

奥克托今(HMX)为最常见的高能单体猛炸药之一，也是当今综合性能最优的单质军用炸药之一，广泛应用于各种固体推进剂、战斗部中。HMX 的高能量也赋予其较高的机械感度，较差的热安定性，无法满足高价值武器平台对安全性提出的强烈需求。现如今，如何解决高能填料的降感带来的推进剂能量的损失和综合性能的下降成为了研究热点之一。HMX 降感最主要的途径有以下 3 个方面。

*1. 重结晶法*

它通过改善晶粒结构完整性和晶粒均匀性、阻止活性中心的形成来达到降感的目的。刘飞等用重结晶法制备了球形化效果良好的 HMX ，得到 DMF-水球形化重结晶 HMX 的最佳工艺条件，所得粒子密度及热安定性均有明显的提高；刘萌等综述了当前重结晶法降低硝胺类高能化合物的研究进展，并指出了形态规整、球形化、超细化及内部质量控制是重结晶法降低硝胺类炸药感度的主要途径。

2. 包覆法

通过 NC 对 HMX 进行包覆，一方面可降低 HMX 的机械感度，另一方面在保障推进剂能量的前提下，可提高推进剂力学性能，保障了武器装备的使用可靠性，避免了因 HMX 降感带来的能量损失、推进剂综合性能下降等问题。

3. 共晶技术

共晶技术是将两种或两种以上的分子通过分子间非共价键（如氢键、范德华力和π···π键等）作用力，微观结合在同一晶格中，形成具有特定结构和性能的多组分分子晶体。杨宗纬等用糊精作为改性添加剂制备了 HNIW/TNT 共晶炸药，且共晶体具有较低的冲击敏感度，HNIW 的撞击感度也明显降低。沈金朋等通过溶剂-非溶剂法制备了 HMX/TATB 共晶炸药，并对其性能进行表征，表明 HMX 的机械感度有明显降低；陈云阁等通过溶剂-非溶剂法制备了形貌良好、粒径约为 2 μm 的 HMX/TATB 共晶粒子，撞击感度及热性能有明显改善，

### 3.2.2.1 HMX 包覆降感

采用溶剂法对 HMX 进行包覆（见图 3－9），首先将 50 g NC（氮含量为 12%）加入到 100 mL 乙酸乙酯中，搅拌 30 min（搅拌桨转速为 1 200 r/min）。将 200 g HMX 和 400 mL 水加入有乙酸乙酯/NC 溶液体系的制球釜中，再搅拌 30 min（搅拌桨转速为 1 200 r/min）。将制球釜中的真空度调整至 0.07 MPa，搅拌 30 min（搅拌桨转速为 1 200 r/min），除去 50%的乙酸乙酯。然后在制球釜中加入 500 g 无水硫酸钠除去残余的溶剂。最后通过筛网（热水洗 NC 包覆的 HMX 次数大于 3 次），之后在 50℃烘箱中将 NC 包覆的 HMX 烘干，除去多余的水和溶剂。

通过扫描电镜（SEM）、能谱分析（EDS）、激光粒度分析、红外光谱、热重分析（TG）和差示扫描量热（DSC）等对其结构进行表征。

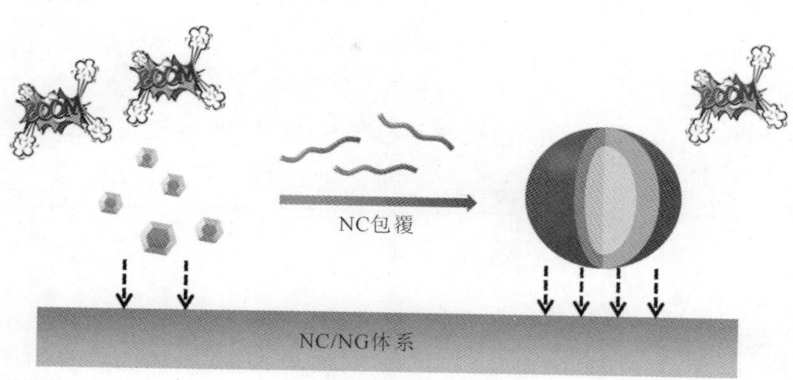


图 3-9 NC包覆HMX示意图

1. HMX表面包覆表征

通过扫描电镜对HMX和NC包覆的HMX进行分析(扫描结果如图3-10所示),未包覆的HMX表面平滑,形状不规则,而NC包覆的HMX呈现较为规则的球形,表面凹凸不平,其粒度也大于未包覆的HMX,且NC包覆的HMX球形颗粒大小相对均一,这说明NC均匀地包裹在HMX表面。

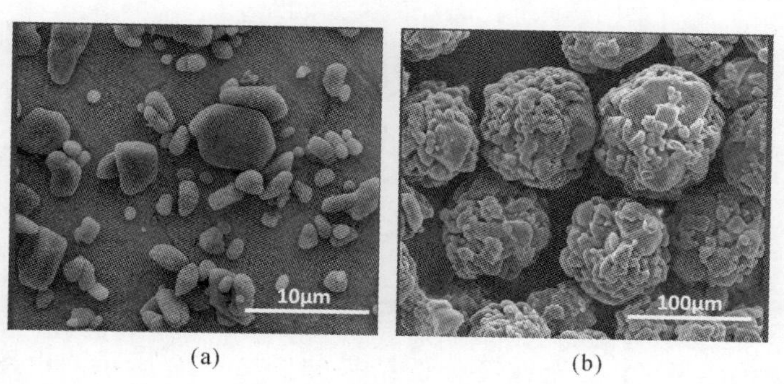


图 3-10 HMX(A)和NC包覆的HMX(B)的扫描电镜
(a)HMX; (b)NC包覆的HMX

通过能谱分析对NC包覆的HMX进行元素分析,EDS图谱如图3-11所示,HMX和NC包覆的HMX表面化学元素的组成列于表3.7。由结果可知,包覆后的HMX表面氮元素的含量由34.94%降低至13.98%,接近于

NC 的含氮量，说明通过上述工艺，NC 很好地包覆于 HMX 的表面。包覆率计算公式为

$$N_{HMX}(1-R)+N_{NC}R=N_{NC\text{-}coated}$$

经计算，NC 对 HMX 的包覆率到达了 92%，说明包覆非常成功。

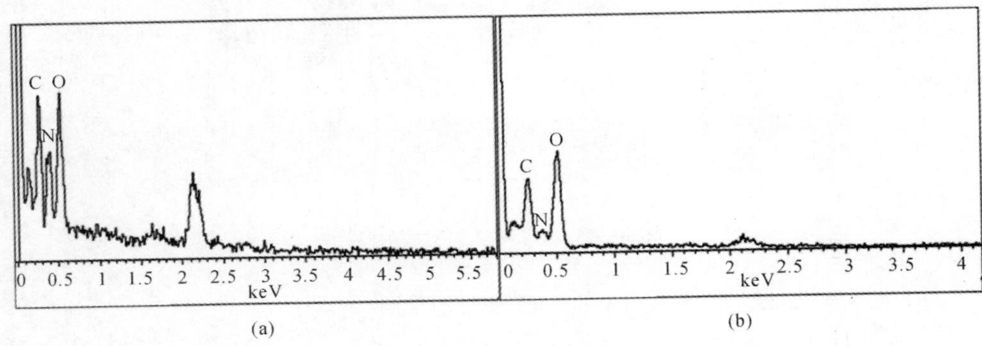


图 3-11 HMX 和 NC 包覆的 HMX 的 EDS 图谱

(a)HMX； (b)NC 包覆的 HMX

**表 3.7 HMX 和 NC 包覆的 HMX 的表面元素分析**

| 样 品 | 元素含量/(%) | | |
|---|---|---|---|
| | C | N | O |
| HMX | 19.79 | 34.94 | 45.27 |
| NC 包覆的 HMX | 26.78 | 13.98 | 59.24 |

NC 包覆的 HMX 激光粒度分析结果如图 3-12 所示。由图 3-12 可知，未包覆的 HMX 呈现较宽的粒度分布，从 0.5～150 μm，而包覆后的 HMX 粒度更符合高斯分布。为了进一步验证上述结果，通过有关分度宽度(SPAN)的计算公式 $SPAN=(D_{90}-D_{50})/D_{10}$，对包覆后的 HMX 粒径分布进行分析，分析结果见表 3.8。由表 3.8 可知，包覆后 HMX 的宽度分布远小于未包覆的 HMX，说明包覆后 HMX 粒度分布的一致性要高于未包覆的 HMX。

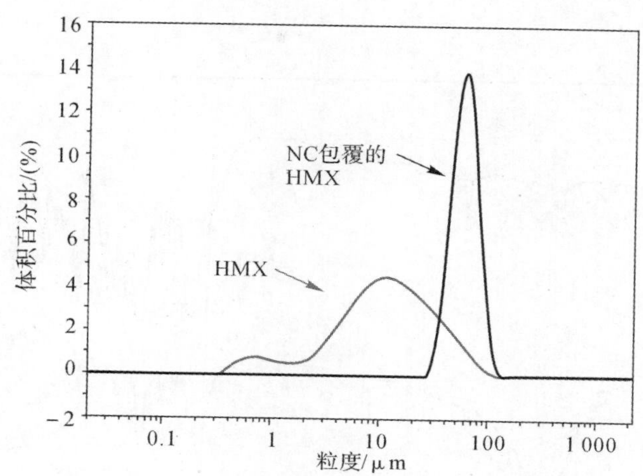


图 3－12 HMX 和 NC 包覆的 HMX 的粒度

**表 3.8 HMX 和 NC 包覆的 HMX 的粒度分析**

| 样 品 | $D_{10}$/μm | $D_{50}$/μm | $D_{90}$/μm | SPAN |
|---|---|---|---|---|
| HMX | 2.237 | 10.718 | 37.516 | 11.979 |
| NC 包覆的 HMX | 50.936 | 70.578 | 80.928 | 0.203 |

为了进一步对包覆后 HMX 的表面进行表征，采用红外光谱对其进行分析，红外图谱如图 3－13 所示。

由图 3－13 可知，相比于 HMX，包覆的 HMX 在 3 440 $cm^{-1}$有一个非常明显的羟基吸收的特征峰，同时在 1 608 $cm^{-1}$出现了明显的硝基反对称伸缩振动峰，而 HMX 中 N－$NO_2$特征吸收峰(1 560～1 566 $cm^{-1}$)明显减弱，说明 NC 成功包覆于 HMX 表面，对 HMX 的红外光谱产生了影响。

综合 SEM、EDS 和 FTIR 实验结果得出结论：HMX 表面成功包覆上 NC，且包覆效果显著。

2. 包覆后 HMX 热分析

热分解性能是含能材料研究的重点性能之一，它直接决定了含能材料的安全性和应用的可行性。通过 TG 和 DSC 研究了包覆的 HMX 的热分解性能。HMX 和包覆后的 HMX 热分解曲线如图 3－14 所示。

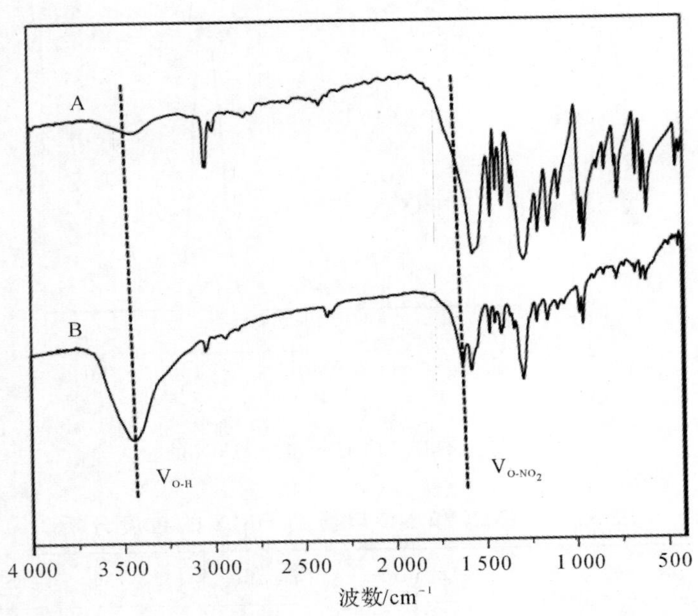


图 3－13　HMX(A)和 NC 包覆的 HMX(B)的红外图谱

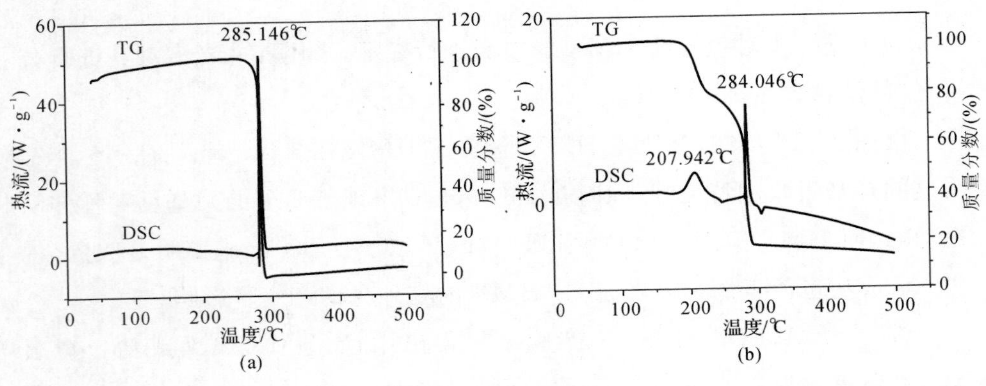


图 3－14　HM 和 NC 包覆的 HMX 的 TG,DSC 曲线

(a)HMX；　(b)NC 包覆的 HMX

由图 3－14 数据可知，HMX 在 285.15℃有唯一的一个分解峰，对应着

TG在280℃附近有一个热失重，包覆后的HMX分别在207.94℃和284.05℃有两个分解放热峰，对应着热失重分两个阶段，对比HMX的热分解，采用NC包覆使HMX的热分解温度提前了1℃，说明在包覆过程中NC与HMX形成了某种作用键，影响了HMX的热分解性能。

为了进一步研究包覆后的HMX的热分解机理，在40～500℃范围内采用傅里叶变换红外光谱(FTIR)和质谱(MS)对包覆后HMX的分解过程进行进一步解析，结果如图3-15所示。

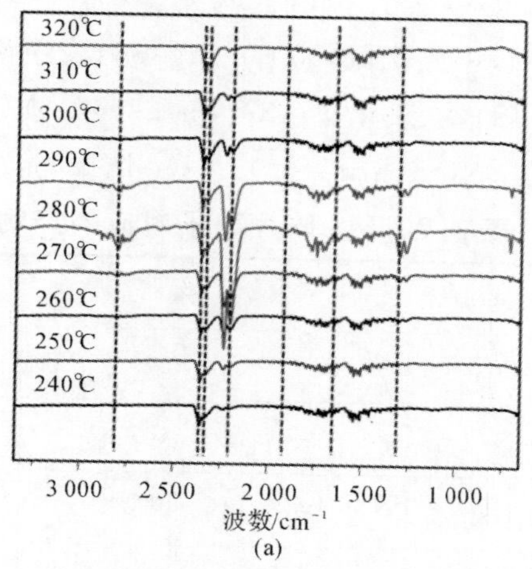


(a)

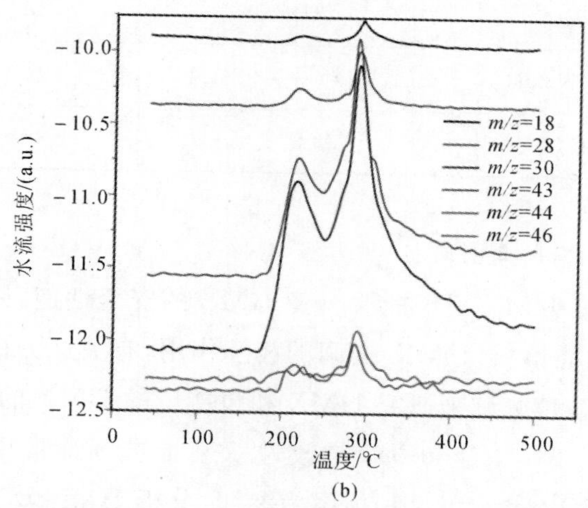


(b)

图3-15 包覆后HMX的FTIR和MS结果

(a)FTIR； (b)MS

包覆后 HMX 分解过程发生在 240～320℃范围内，因此截取了该温度范围内的红外图谱，如图 3－15(a)所示。由图中结果可知，随着包覆后 HMX 热分解，在 2 816$cm^{-1}$、2 364$cm^{-1}$、2 284$cm^{-1}$、2 184$cm^{-1}$、1 912$cm^{-1}$、1 635$cm^{-1}$和 1 305$cm^{-1}$附近出现了明显的特征峰，他们分别对应的分解产物是 $CH_2O$、$CO_2$、HNCO、CO、NO、$NO_2$和 $N_2O$，其中大部分气体产物开始出现在 280℃左右，这一结果与上述热分解结果一致。质谱结果如图 3－15(b)所示，主要的气体产物碎片的 $m/z$ 为 18、28、30、43、44 和 46，其分别对应的可能产物见表 3.9，包括水（$H_2O$，$m/z=18$），一氧化碳（CO，$m/z=28$）或氮气（$N_2$，$m/z=28$），一氧化氮（NO，$m/z=30$）或甲醛（$CH_2O$，$m/z=30$），氰酸（HNCO，$m/z=43$），二氧化碳（$CO_2$，$m/z=44$）或一氧化二氮（$N_2O$，$m/z=44$），还有二氧化氮（$NO_2$，$m/z=46$）。这一结果与红外结果一致。

**表 3.9　MS 碎片离子对应的产物分析**

| 结构式 | 名　称 | $m/z$ |
|---|---|---|
| $H_2O$ | 水 | 18 |
| $CO/N_2$ | 一氧化碳/氮气 | 28 |
| $NO/CH_2O$ | 一氧化氮/甲醛 | 30 |
| HNCO | 氰酸 | 43 |
| $CO_2/N_2O$ | 二氧化碳/一氧化二氮 | 44 |
| $NO_2$ | 二氧化氮 | 46 |

3. 包覆后 HMX 的表面特性

采用 NC 包覆 HMX 不仅能够改善 HMX 的安全性能，同时也对能增强黏合剂(NC)和高能填料(HMX)之间的相互作用，有关这方面机理的研究很少。采用动态接触角测试来研究 HMX 和包覆后的 HMX 的表面特性，结果见表 3.10 和表 3.11。NC 和 NG 是改性双基推进剂最常用的双基黏合体系，以 NC/NG(NC∶NG＝1∶1)体系为参照，分析 HMX 及其包覆后产物的表面特性。由表 3.11 数据可知，相比于 HMX，包覆后的 HMX 表面自由能、极性分量和非极性分量等结果更接近于 NC/NG 体系，说明采用 NC 包覆能

够增强 HMX 与 NC/NG 体系的相互作用。为了验证这一结果，表 3.11 列出了 HMX 和包覆后的 HMX 与 NC/NG 体系之间的附着力，由表 3.11 的结果可知，包覆后的 HMX 与 NC/NG 体系的附着力为 18.68mN/m，高于 HMX 与 NC/NG 体系的 10.21 mN/m，可见包覆后 HMX 与 NC/NG 体系界面之间存在更强的作用力。

**表 3.10 包覆后 HMX 的表面特性**

| 样　品 | 表面自由能 $\gamma/(mN\cdot m^{-1})$ | 极性分量 $\gamma_d/(mN\cdot m^{-1})$ | 非极性分量 $\gamma_p/(mN\cdot m^{-1})$ |
| --- | --- | --- | --- |
| HMX | 48.55 | 46.30 | 2.25 |
| 包覆后的 HMX | 19.51 | 12.09 | 7.42 |
| NC/NG 体系 | 13.16 | 7.05 | 6.16 |

**表 3.11 包覆后 HMX 的附着力**

| 样　品 | 附着力 $W/(mN\cdot m^{-1})$ |
| --- | --- |
| HMX/NC/NG 体系 | 10.21 |
| 包覆 HMX/NC/NG 体系 | 18.68 |

4.包覆后 HMX 对改性双基推进剂感度的影响

由于 NC 的安全性能要优于 HMX，包覆后 HMX 的安全性能有显著改善，因此对 HMX 及包覆后 HMX 的机械感度进行分析，同时研究了包覆后 HMX 对改性双基推进剂感度的影响，结果见表 3.12。撞击感度使用 WL-1 型撞击感度仪进行测试。单次样品量为 30 mg，2 kg 落锤。撞击感度 50% 爆炸率的特性落高值用 $H_{50}$ 表示。摩擦感度使用 WM-1 摩擦感度仪进行测试。单次样品量为 20 mg，摆角为 66°，表压为 2.45 MPa。摩擦感度用爆炸百分数 $P$ 表示。

表 3.12　包覆后 HMX 的机械感度

| 样　品 | $H_{50}$/cm | 摩擦感度/(%) |
|---|---|---|
| HMX | 11.55 | 98 |
| 包覆后的 HMX | 20.86 | 44 |
| CMDB 推进剂 | 23.2 | 51 |
| 含 HMX 包覆球的 CMDB 推进剂 | 30.5 | 35 |

由表 3.12 结果可知,包覆后的 HMX 撞击感度 $H_{50}$ 由 11.55 cm 变为 20.86 cm,摩擦感度由 98%降低至 44%,可见包覆后 HMX 的机械感度大幅度降低。NC 是改性双基推进剂最主要的黏合剂之一,因此采用 NC 包覆的方法也同样适用于改性双基推进剂中的其他固体高能填料,可见,该途径在改善改性双基推进剂的安全性能方面有着非常广阔的应用前景。

## 3.2.3　1,1-二氨基-2,2-二硝基乙烯

1,1-二氨基-2,2-二硝基乙烯(1,1-diamino-2,2-dinitroethylene,简称 DADE,代号为 FOX-7),具有与 RDX 相近的爆轰性能,且具有很低的感度,可用于导弹、火箭等武器中替代低易损推进剂或 PBX 炸药中的 RDX,以提高推进剂的低易损特性或降低炸药的感度。FOX-7 分子内和分子间存在氢键,可以提高稳定性和耐热性,且它与 TNT、RDX 和 HMX 等很多材料的相容性好,是不敏感弹药的主要候选品种和组分之一。

### 3.2.3.1　FOX-7 的性能

FOX-7(结构见图 3-16,晶体形貌见图 3-17)与 RDX 能量相当,且与 TATB 等不敏感炸药感度相近,国内外研究者多将 FOX-7 与其他含能材料共同研究,FOX-7 在能量、感度和热稳定性等方面的特点见表 3.13。

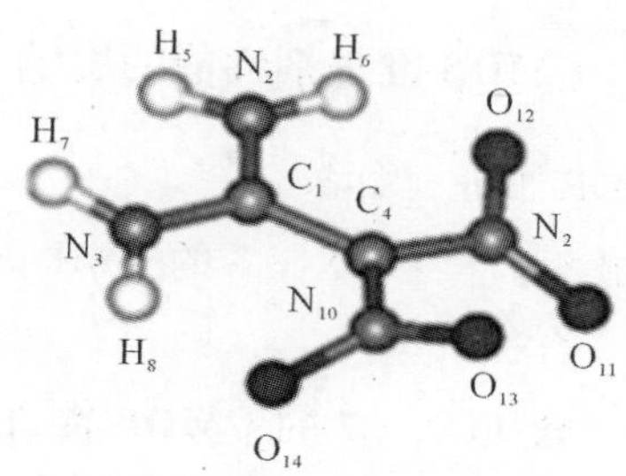


图 3-16 FOX-7 分子结构

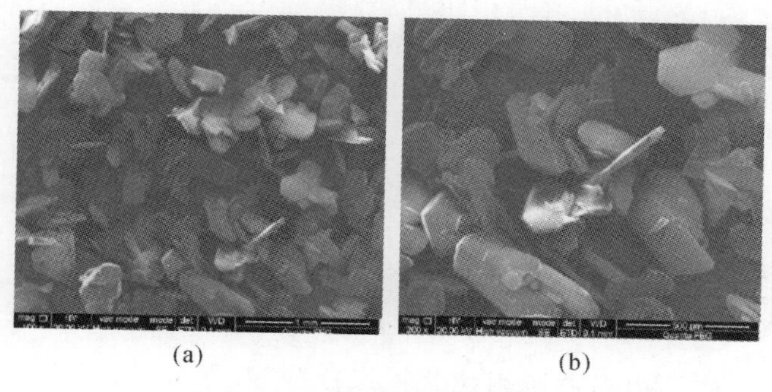

(a) (b)

图 3-17 FOX-7 晶体表面形貌

(a)100 倍；(b)200 倍

由表 3.13 可知，FOX-7 在 240℃才出现分解峰温，RDX 在 215℃时即发生熔融吸热峰，其热稳定性优于 RDX，其爆速、爆压等爆轰性能与 RDX 相当，明显高于 TATB，而摩擦、撞击感度与 TATB 相当，冲击波感度也低于 RDX，因此，FOX-7 是一种高能不敏感的新型含能材料，有望作为 RDX 的替代物在推进剂、炸药和发射药中推广应用。

**表 3.13 FOX-7 的热稳定性、爆轰性能及感度**

| 种 类 | 热安定性/℃ | 热分解活化能/(kJ·mol⁻¹) | 5 s 爆发点/℃ | 晶体密度/(g·cm⁻³) | 爆速/(m·s⁻¹) | 爆压/GPa | 撞击感度/cm | 摩擦感度/kg | 冲击波感度/mm |
|---|---|---|---|---|---|---|---|---|---|
| FOX-7 | 240 | 234.416 | 215 | 1.878 | 9 090 | 36.6 | 126 | >36 | 6.22 |
| RDX | 215 | 200.928 | 220 | 1.82 | 8 800 | 34.7 | 38 | 12 | 9.33 |
| TATB | 287 | — | — | 1.803 | 8 108 | 31.1 | 170 | >36 | — |

#### 3.2.3.2　FOX－7 对 CMDB 推进剂性能的影响

1. 含 FOX－7 的 CMDB 推进剂制备

采用淤浆浇铸工艺制备了含 FOX－7 的 CMDB 推进剂，基础配方见表 3.14。

表 3.14　含 FOX－7 的 CMDB 推进剂配方

| 配方号 | 质量分数/(%) | | | | | | | |
|---|---|---|---|---|---|---|---|---|
| | NG | NC | DINA | FOX－7 | RDX | Al | AP | $C_2$ |
| RDX－CMDB | 33 | 24 | 6 | 0 | 20 | 5 | 10 | 5 |
| F5－CMDB | | | | 5 | 15 | | | |
| F10－CMDB | | | | 10 | 10 | | | |
| F15－CMDB | | | | 15 | 5 | | | |
| F20－CMDB | | | | 20 | 0 | | | |

2. FOX－7 对 CMDB 推进剂能量特性的影响

含 FOX－7 的 CMDB 推进剂能量特性计算结果见表 3.15。

表 3.15　FOX－7 对 CMDB 推进剂能量的影响

| 配方号 | 燃温/K | 平均相对分子质量 | $C^*/(m\cdot s^{-1})$ | $I_{sp}/(N\cdot s\cdot kg^{-1})$ |
|---|---|---|---|---|
| RDX－CMDB | 3 296.19 | 26.703 | 1 580.0 | 2 543.7 |
| F5－CMDB | 3 276.36 | 26.733 | 1 573.7 | 2 532.7 |
| F10－CMDB | 3 256.11 | 26.762 | 1 567.3 | 2 521.6 |
| F15－CMDB | 3 235.42 | 26.79 | 1 560.8 | 2 510.3 |
| F20－CMDB | 3 214.28 | 26.817 | 1 554.2 | 2 499.0 |

由表 3.15 数据可知，随着 RDX 逐渐被 FOX－7 取代，CMDB 推进剂理论比冲和特征速度均有小幅度的降低，当 FOX－7 含量增加至 20%时，CMDB 推进剂理论比冲降低了 1.76%，特征速度降低了 1.63%，可见 FOX－7 能量略低于 RDX，但是感度却远低于 RDX，因此理论上来说，将 FOX－7

应用于 CMDB 推进剂，可以在保障推进剂能量性能的基础上，降低推进剂感度。

3. FOX－7 对 CMDB 推进剂安全性能的影响

含 FOX－7 的 CMDB 推进剂机械感度测试结果见表 3.16。

**表 3.16　FOX－7 对 CMDB 推进剂机械感度的影响**

| 配方号 | $H_{50}$/cm | 摩擦感度/(%) |
|---|---|---|
| RDX－CMDB | 10.6 | 40 |
| F5－CMDB | 16.6 | 28 |
| F10－CMDB | 18.6 | 16 |
| F15－CMDB | 20.4 | 16 |
| F20－CMDB | 20.4 | 4 |

由表 3.16 数据可知，随着 FOX－7 含量的增加，CMDB 推进剂的特性落高也不断增加，说明撞击感度在不断降低。同时，摩擦感度也随着 FOX－7 含量的增加而降低，当 FOX－7 含量增加至 20%时，CMDB 推进剂摩擦感度降低至 4%，可见 FOX－7 的加入可以大幅度提高推进剂的安全性能。

4. FOX－7 对 CMDB 推进剂燃烧性能的影响

含 FOX－7 的 CMDB 推进剂燃烧性能测试结果见表 3.17。

**表 3.17　FOX－7 对 CMDB 推进剂燃烧性能的影响**

| 配方号 | $u/(\mathrm{mm \cdot s^{-1}})$ | | | | | | 压强指数 |
|---|---|---|---|---|---|---|---|
| | 2 MPa | 6 MPa | 10 MPa | 14 MPa | 18 MPa | 22 MPa | $n_{2\sim22}$ |
| RDX－CMDB | 3.95 | 9.29 | 15.56 | 20.58 | 26.79 | 32.34 | 0.88 |
| F5－CMDB | 4.43 | 10.00 | 16.00 | 21.95 | 27.08 | 33.19 | 0.84 |
| F10－CMDB | 4.73 | 10.45 | 16.45 | 22.17 | 27.20 | 33.01 | 0.81 |
| F15－CMDB | 5.20 | 10.85 | 16.06 | 21.95 | 28.41 | 33.08 | 0.77 |
| F20－CMDB | 5.51 | 12.15 | 16.50 | 22.08 | 28.63 | 33.33 | 0.75 |

由表 3.17 数据可知，在 2～22 MPa 范围内，CMDB 推进剂燃速随着 FOX－7 含量的增加而不断提高，当 FOX－7 含量到达 20%时，CMDB 推进剂燃速在 22 MPa 下提高了 3.06%，在 2 MPa 下提高了 39.49%。压强指数随着 FOX－7 含量的增加而减小，当 FOX－7 含量到达 20%时，压强指数从 RDX－CMDB 推进剂的 0.88 减小至 0.75。可见采用 FOX－7 替代 CMDB 推进剂中的 RDX，可以改善推进剂燃烧性能，燃烧速度略有升高，压强指数略有降低，但是改善效果不明显。

5. FOX－7 对 CMDB 推进剂力学性能的影响

含 FOX－7 的 CMDB 推进剂的力学性能测试结果见表 3.18。

**表 3.18 FOX－7 对 CMDB 推进剂力学性能的影响**

| 配方号 | 力学性能(20℃) | |
|---|---|---|
| | $\sigma_m$/MPa | $\varepsilon_m$/(%) |
| RDX－CMDB | 5.886 | 13.22 |
| F5－CMDB | 5.957 | 14.41 |
| F10－CMDB | 5.953 | 14.10 |
| F15－CMDB | 6.028 | 14.39 |
| F20－CMDB | 6.055 | 15.15 |

由表 3.18 数据可知，采用 FOX－7 替代 CMDB 推进剂中的 RDX，在 20℃条件下推进剂延伸率和抗拉强度均有所提高，可见在 CMDB 推进剂中添加 FOX－7，能够满足目前武器装备对 CMDB 推进剂力学性能的需求。

6. 含 FOX－7 的 CMDB 推进剂的热分解特性

含 FOX－7 的 CMDB 推进剂的热分解特性如图 3－18 所示。

## 3.2.4 N－脒基脲二硝酰胺盐

二硝酰胺盐化合物是一类新型不敏感含能材料，可作为不敏感炸药和氧化剂应用于军事和航天领域，具有极大的发展潜力。N－脒基脲二硝酰胺盐

(FOX－12)由 Östmark 等首次报道，其密度和爆速分别为 1.775 g/cm³ 和 8 210 m/s，感度远小于常用高能炸药 HMX 和 RDX。此外，FOX－12 还具有低毒、不吸潮、热稳定性好及与火炸药常用组分相容性好等优点，可应用于不敏感高能混合炸药、推进剂和气体发生器中。近年来，国内外已对 FOX－12 的制备反应机理、晶体结构、溶解性、相容性、热性能和降解方式等进行了大量研究，初步开展了其在炸药和推进剂中的应用探索。

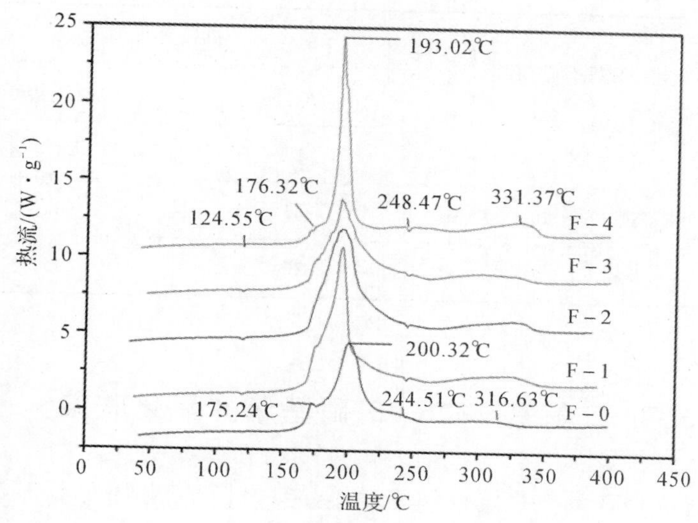


图 3－18　含 FOX－7 的 CMDB 推进剂的热分解特性

## 3.2.5　六硝基六氮杂异伍兹烷

六硝基六氮杂异伍兹烷(CL－20)是 HMX 之后的新一代单质炸药，具有高爆速、高爆压、高爆热的特点。CL－20 一经出现，就成为火炸药各领域的研究热点。CL－20 应用于各类火炸药产品，都可能提高相关武器装备的战技指标。推动 CL－20 的广泛应用，是研制新型武器装备和现役武器装备更新换代的重要技术途径。但 CL－20 自身的感度较高，未经高品质化与表观形貌修饰 CL－20 的撞击感度要高于 HMX，因此，需要对 CL－20 进行适当的钝化处理才可能满足现代高新武器系统对弹药安全性的要求。

采用 TATB 对 CL-20 进行包覆，可使 CL-20 的特性落高（$H_{50}$）由 30.64 cm提升至 44.57 cm，分解温度比纯 CL-20 高出 11℃，表观活化能提高7.09 kJ·mol$^{-1}$，热爆炸临界温度提升 0.08℃，也能改善其静电感度。采用丙烯酸酯橡胶对 CL-20 进行包覆，可以改善 CL-20 的热稳定性和机械感度。

将热塑性聚氨酯弹性体包覆 CL-20 应用于改性双基推进剂中可大幅度降低其机械感度，其感度数据见表 3.19。

**表 3.19　包覆后 CL-20 对改性双基推进剂的机械感度影响**

| 改性双基推进剂 | 机械感度 | |
|---|---|---|
| | $P$/(%) | $H_{50}$/cm |
| HMX | 49 | 21.5 |
| 普通 CL-20 | 78 | 24.3 |
| 包覆后 CL-20 | 26 | 26.2 |

## 3.2.6　5,7-二氨基-4,6-二硝基苯并氧化呋咱

为改善火炸药的热稳定性和感度，含能材料研究者开发了 5,7-二氨基-4,6-二硝基苯并氧化呋咱（CL-14）以替代传统的含能化合物，如 RDX、HMX 等。CL-14 以其高密度、高能量和低感度有望作为高能量密度材料而用于推进剂、炸药和发射药中。相关文献报道了 CL-14 的合成方法，也探索了 CL-14 基 PBX 炸药的熔点及力学性能等，同时，合成了 CL-14 的盐类化合物，并研究了其机械感度。然而，关于其热安全性、热分解机理及其在推进剂中的应用尚未见文献报道。

### 3.2.6.1　CL-14 的热行为

CL-14 的 TG-DSC 曲线如图 3-19 所示，其温度范围为 35～500℃。

从 TG-DSC 曲线可看出，在 DSC 曲线上 301.4℃处仅有一放热尖峰，其对应的 TG 曲线上的质量损失为 81%。可看出，在该温度时 CL-14 发生剧烈分解，放出大量的热，且放出大部分气体物质。

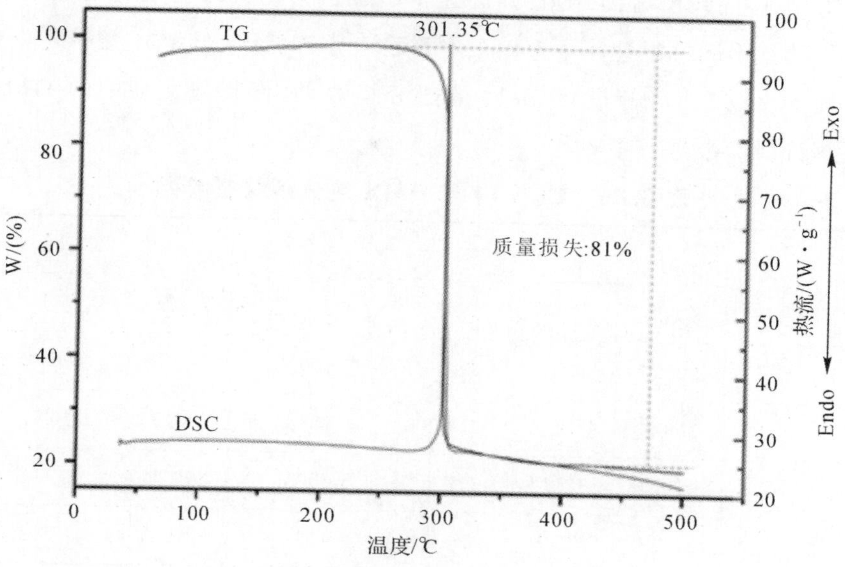


图 3-19 CL-14 的 TG,DSC 曲线

不同加热速率下 CL-14 的 DSC 曲线如图 3-20 所示。

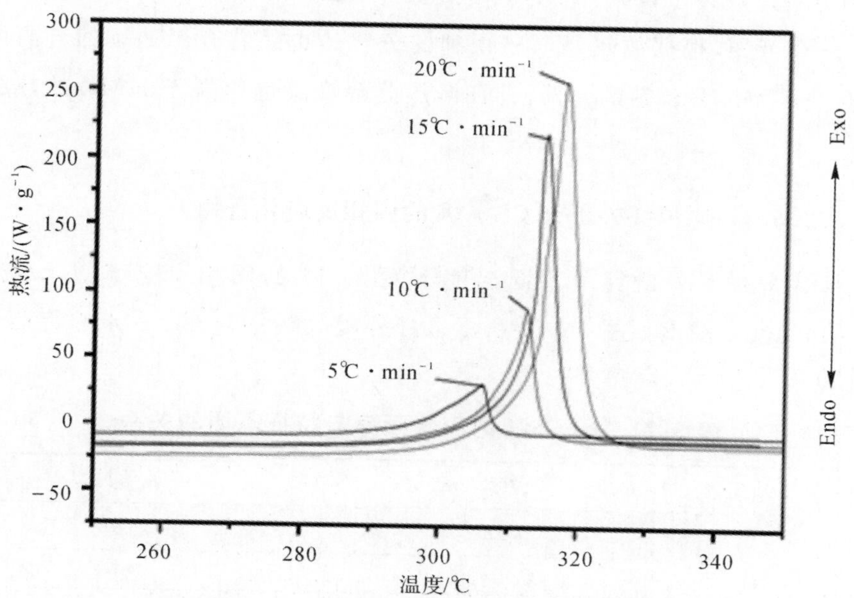


图 3-20 不同加热速率下 CL-14 的 DSC 曲线

由 DSC 曲线图看出，随着升温速率的提高，CL－14 的分解温度向更高温度移动。不同升温速率下 CL－14 的起始分解温度、分解峰温和终止分解温度列于表 3.20，为衡量 CL－14 的热分解效果，将其与文献中的 HMX 的热分解特征参数进行了对比。

**表 3.20　CL－14 与 HMX 热分解特征参数**

| $\beta/(℃\cdot min^{-1})$ | CL－14 | | | | HMX | |
|---|---|---|---|---|---|---|
| | $T_0$/℃ | $T_p$/℃ | $T_f$/℃ | $Q_d/(J\cdot g^{-1})$ | $T_p$/℃ | $Q_d/(J\cdot g^{-1})$ |
| 5 | 297.2 | 306.2 | 308.0 | 4 600.4 | 278.8 | 1 132.1 |
| 10 | 308.5 | 312.6 | 314.8 | 5 128.3 | 282.1 | 1 281.1 |
| 15 | 313.0 | 315.2 | 317.8 | 5 202.5 | 285.1 | 1 411.7 |
| 20 | 314.6 | 318.0 | 321.1 | 5 415.8 | 287.6 | 1 543.3 |

表 3.20 中 $\beta$ 为加热速率，$T_0$ 为分解反应起始温度，$T_p$ 为分解反应峰温，$T_f$ 为分解反应终了峰温，$Q_d$ 为分解热。

研究可知，根据放热峰面积得到的分解热也随着升温速率的升高而升高，且是 HMX 分解热的 4 倍。同时，热分解峰温也均高于 HMX 的热分解峰温。

#### 3.2.6.2　原位红外研究 CL－14 的固相反应化合物

采用原位红外研究了不同温度下 CL－14 的固相反应产物。加热前 CL－14的红外图谱如图 3－21 所示。红外吸收频率与 CL－14 的特征基团对比见表 3.21。

**表 3.21　CL－14 的吸收频率与特征基团的关系**

| 特征基团 | 波数/$cm^{-1}$ | 震动类型 |
|---|---|---|
| C－$NH_2$ | 3383，3348 | $\nu_{as}NH_2$ |
| | 3 270，3 226 | $\nu_s NH_2$ |
| | 1 295，1 250，1 226，1 209 | $\nu$C—N |

续表

| 特征基团 | 波数/$cm^{-1}$ | 震动类型 |
|---|---|---|
| $C-NO_2$ | 1 552 | $\nu_{as}NO_2$ |
| | 1 350 | $\nu_{s}NO_2$ |
| | 1 604，1 510 | 环的伸缩震动 |
| | 1 628，1 510，1 397 | 环的伸缩震动 |

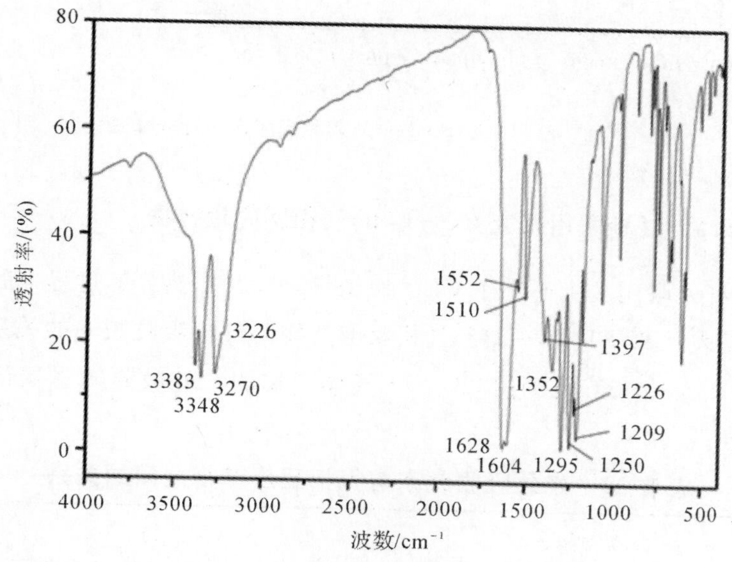


图 3-21　CL-14 的红外图谱

从研究可看出，3 383$cm^{-1}$、3 348$cm^{-1}$、3 270$cm^{-1}$和 3 226 $cm^{-1}$为氨基的特征峰，1 628 $cm^{-1}$为呋咱环的特征峰，1 552$cm^{-1}$和 1 352 $cm^{-1}$为硝基的特征峰，1 604$cm^{-1}$、1 510$cm^{-1}$和 1 397 $cm^{-1}$为苯环的特征峰。

采用原位红外测得 CL-14 在 140～350℃特征峰的变化如图 3-22 所示。

由图 3－22 可看出，氨基、硝基、苯环和呋咱环的特征峰随着温度的升高而降低，$CO_2$ 的特征峰（2 400 $cm^{-1}$ 和 2 280 $cm^{-1}$）随温度的升高而升高。

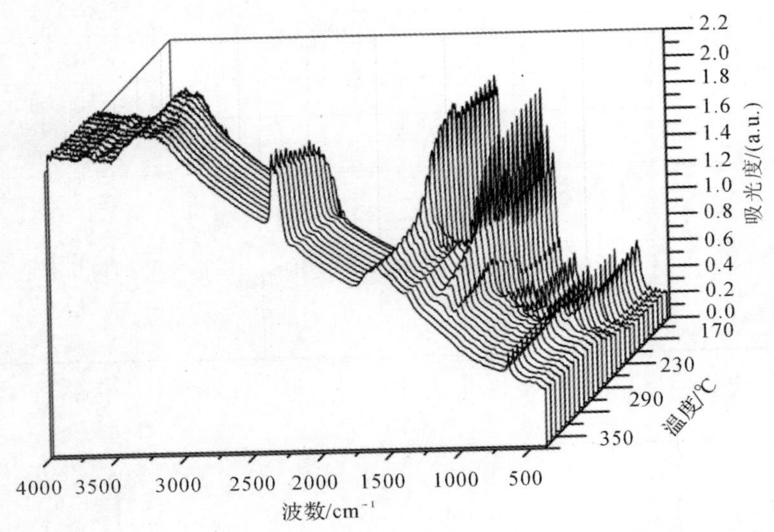


图 3－22　不同温度下 CL－14 固相反应产物特征峰变化

#### 3.2.6.3　红外联用研究 CL－14 的气相反应化合物

采用红外联用技术研究了 CL－14 在 35～380℃ 热分解过程中的气相产物，结果见表 3.22 和图 3－23。气相反应产物与红外吸收频率的关系列于表 3.22。在 235～355℃ 范围内 CL－14 气体产物的红外吸收峰强局部放大如图 3－24 所示。

表 3.22　红外吸收频率与气相反应产物之间的关系

| 波数 /($cm^{-1}$) | 气体产物 |
|---|---|
| 2 359 | $CO_2$ |
| 2 286 | HNCO |
| 2 174 | CO |
| 1 912 | NO |

由研究可知，2 359 $cm^{-1}$、2 286 $cm^{-1}$、2 174 $cm^{-1}$和 1 912 $cm^{-1}$分别为$CO_2$、HNCO、CO和NO的红外特征峰，而CL－14的热分解产物均在300℃附近生成。可见CL－14仅有一个热分解过程发生，这与TG－DSC和DSC的测试结果一致。

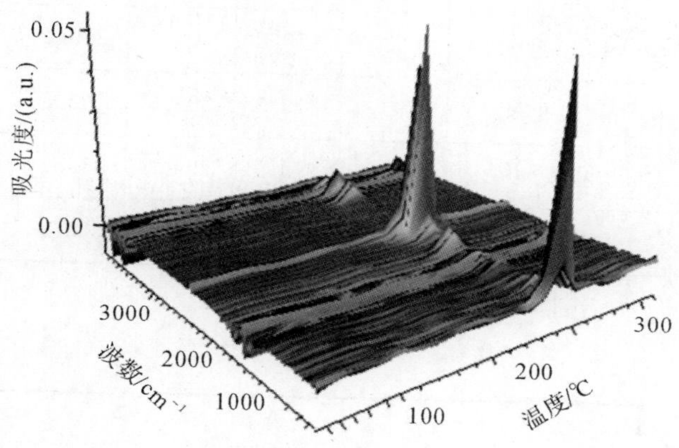


图 3－23　不同温度下 CL－14 气相分解产物的红外图谱

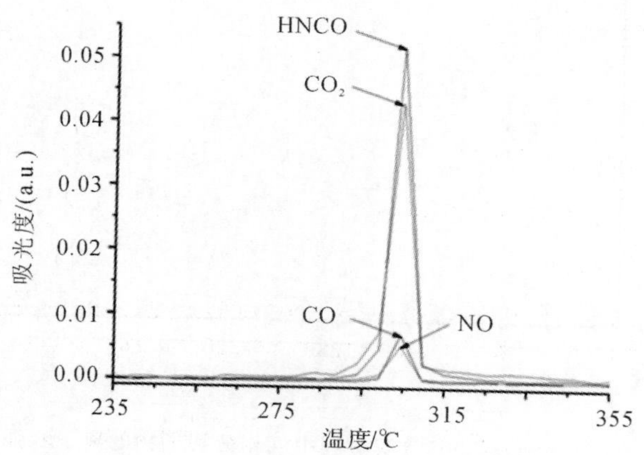


图 3－24　不同温度范围内 CL－14 热分解产物的红外吸收峰强

#### 3.2.6.4　质谱联用研究 CL－14 的气相反应化合物

CL－14的气相分解产物的质谱分析结果如图 3－25 所示，分解产物的分解温度和质量百分比见表 3.23。

**表 3.23　CL－14 分解产物的分解温度和质量百分比**

| 化合物分子式 | 化合物名称 | $m/z$ | $T_0$/℃ | $T_p$/℃ | $T_f$/℃ | 质量比/(%) |
|---|---|---|---|---|---|---|
| $H_2O$ | 水 | 18 | 267.4 | 306.5 | 340.0 | 24.0 |
| $CO/N_2$ | 二氧化碳/氮气 | 28 | 279.2 | 300.2 | 319.9 | 14.8 |
| NO | 一氧化氮 | 30 | 273.3 | 305.5 | 333.8 | 33.4 |
| HNCO | 氢氰酸 | 43 | 299.1 | 299.3 | 315.2 | 1.0 |
| $CO_2$ | 二氧化碳 | 44 | 275.7 | 306.8 | 323.8 | 26.8 |

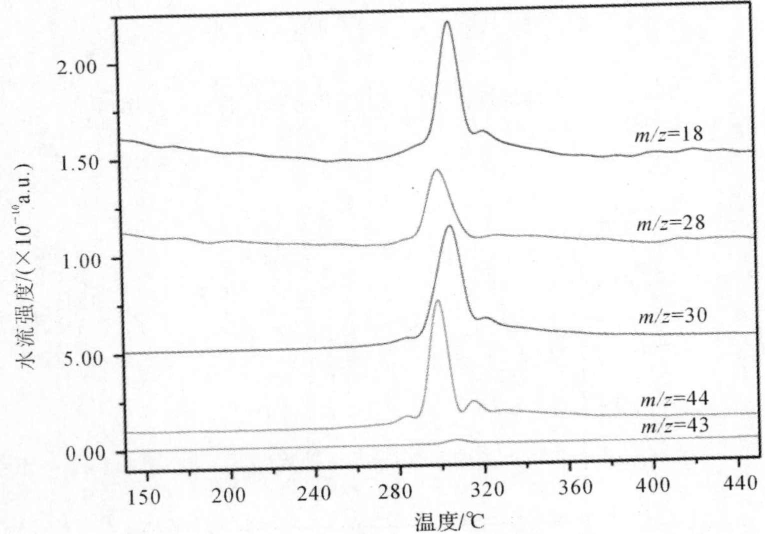


图 3－25　CL－14 热分解过程中气相分解产物的离子峰强度

图 3－25 表明，CL－14 热分解气体混合物的质荷比为 18、28、30、43 和 44，其中 $m/z$＝30 的离子峰强度最高。可能的化合物包括水($H_2O$，$m/z$＝18)，一氧化碳(CO，$m/z$＝28)或氮气($N_2$，$m/z$＝28)，一氧化氮(NO，$m/z$＝30)，氢氰酸(HNCO，$m/z$＝43)和二氧化碳($CO_2$，$m/z$＝44)。其质量比结果

列于表 3.23。

$$r(i)=h(i)/\Sigma h(i) \tag{3-1}$$

式中，$r(i)$为每种化合物的质量百分比，$h(i)$为每种化合物在质谱中质荷比的峰高。

采用质谱测量了 CL-14 各产物的起始温度（$T_0$），峰温（$T_p$）和终止温度（$T_f$）。结果表明，CL-14 主要气相分解产物为 NO、$CO_2$ 和 $H_2O$。在 267.4℃时，CL-14 分解出第一个气相产物为 $H_2O$ ($m/z=18$)。接着，$NH_2$ 和 $NO_2$ 发生分解反应。最后，273.3～299.1℃温度范围内，CL-14 完全分解产生 CO、$N_2$、NO、HNCO 和 $CO_2$。

根据 RSFT-IR 和 TG-DSC-FT-IR-MS 的结果可推断 CL-14 的热分解过程如图 3-26 所示。



图 3-26 CL-14 的热分解过程

### 3.2.6.5 CL-14 的非等温热分解动力学研究

为探索 CL-14 的热分解安全性，根据不同温度下的热分解数据，计算了 CL-14 非等温动力学。分别用 Kissinger 和 Ozawa 方法（公式如下）计算得到 CL-14 的热分解动力学参数，其他含能材料热分解动力学参数见表 3.24。

$$\ln\left(\frac{\beta}{T_p^2}\right)=\ln\frac{AR}{E}-\frac{E}{RT_p} \tag{3-2}$$

$$\lg\beta=\lg\left[\frac{AE}{RG(\alpha)}\right]-2.315-0.4567\frac{E}{RT} \tag{3-3}$$

式中，$\beta$ 为加热速率($K \cdot min^{-1}$)，$T_p$ 为 DSC 曲线的峰温，$A$ 为指前因子，$R$ 为气体常数，$E$ 为表观活化能($kJ \cdot mol^{-1}$)，$\alpha$ 为转化度，$G(\alpha)$ 为积分函数，$T$ 为温度(K)。

**表 3.24　CL－14 及其他含能材料热分解动力学参数**

| 样　品 | Kissinger 法 | | | Ozawa 法 | | |
|---|---|---|---|---|---|---|
| | $E/(kJ \cdot mol^{-1})$ | lg $A$ | $r$ | $E/(kJ \cdot mol^{-1})$ | lg $A$ | $r$ |
| CL－14 | 328.7 | 27.62 | 0.997 4 | 321.8 | — | 0.997 6 |
| ADN | 169.6 | 6.31 | 0.998 1 | — | — | — |
| GNTO | 262.4 | 23.71 | 0.984 9 | 258.0 | — | 0.985 9 |

采用 Kissinger 和 Ozawa 方法计算的 CL－14 热分解反应动力学参数列于表 3.24 中，同时也对比了二硝酰胺铵(ADN)和 3－硝基－1,2,4－三唑－5－胍盐(GNTO)的热分解动力学参数。

研究表明，CL－14 的分解峰温为 306.2～318.0℃，表观活化能分别为 328.7 $kJ \cdot mol^{-1}$(Kissinger 法)和 321.8 $kJ \cdot mol^{-1}$(Ozawa 法)，可见，CL－14 的热稳定性优于 ADN 和 GNTO。

#### 3.2.6.6　CL－14 热分解安全性研究

CL－14 热分解过程的热导率可用下式(3－4)计算得出。

$$\lambda = \frac{3.728\,7 \times 10^5 C_p^{3.011\,6} \rho^{0.927\,6}}{T_m^{0.765\,2} M^{0.215\,8}} \tag{3-4}$$

式中，$C_p$ 为比热容($J \cdot g^{-1} \cdot K^{-1}$)，$\rho$ 为密度($g \cdot cm^{-3}$)，$T_m$ 为熔点(K)，$M$ 为相对分子质量。将 CL－14 的参数 $C_p = 1.14\ J \cdot g^{-1} \cdot K^{-1}$，$T_m = 489.5\ K$，$M = 256$ 和 $\rho = 1.932\ g \cdot cm^{-3}$ 代入公式，得到其热导率 $\lambda = 35.2 \times 10^{-4}\ W \cdot m^{-1} \cdot K^{-1}$。

自加速温度符合：

$$T_{ei} = T_{e0} + b\beta_i + c\beta_i^2 + d\beta_i^3, \quad i = 1,2,3,4 \tag{3-5}$$

式中，$b$、$c$ 和 $d$ 为常数，$\beta$ 为加热速率($K \cdot min^{-1}$)。

当加热速率 $\beta \to 0$ 时，自加速分解温度($T_{SADT}$)满足：

$$T_{SADT} = T_{e0} \tag{3-6}$$

将相应参数代入式(3－6),得到自加速分解温度为282.0℃。

热爆炸临界温度是含能材料在贮存和制备过程中重要的热安全参数,其符合为

$$T_b = \frac{E_0 - \sqrt{E_0^2 - 4E_0RT_{e0}}}{2R} \quad (3-7)$$

式中,$E_0$ 为Ozawa法计算的表观活化能($kJ \cdot mol^{-1}$),$R$ 为气体常数,$T_{e0}$ 为起始温度(K)。将 $E_0 = 321.8\ kJ \cdot mol^{-1}$,$R = 8.314$ 和 $T_{e0} = 572.2$ K代入式(3－7),得到 $T_b$ 为307.9℃。

撞击感度是评价含能材料安全性的常用参数,通常用特性落高($H_{50}$)来表示,其可用式(3－8)进行初步预估:

$$\frac{1}{2}n\lg H_{50} + \lg\sqrt{\frac{\lambda}{A\rho Q_d}} + D_3 + \frac{0.02612E}{T_1 + D_2 H_{50}^n} = 0 \quad (3-8)$$

式中,$n$、$D_2$ 和 $D_3$ 为相关参数,$\lambda$ 为热导率($W \cdot m^{-1} \cdot K^{-1}$),$A$ 为指前因子,$\rho$ 为密度($g \cdot cm^{-3}$),$Q_d$ 为分解热($J \cdot g^{-1}$),$E$ 为Kissinger法计算的表观活化能($kJ \cdot mol^{-1}$)。将参数代入式(3－8),得到 $H_{50}$ 值为39.79 cm。对比CL－14、GNTO、HMX和RDX的热分解安全性,见表3.25。

**表3.25 热分解安全性参数计算与试验值**

| 序号 | 样品 | $\lambda \times 10^{-4}$ / $W \cdot m^{-1} \cdot K^{-1}$ | $Q_d$ / $J \cdot g^{-1}$ | $E$ / $kJ \cdot mol^{-1}$ | $H_{50}$/cm | | $T_b$/℃ |
|---|---|---|---|---|---|---|---|
| | | | | | 实验值 | 预测值 | |
| 1 | HMX | 34.43 | 2 764.2 | 373.70 | 32 | 33.40 | 279.9 |
| 2 | GNTO | — | 1 026.3 | 262.40 | — | — | 256.3 |
| 3 | RDX | 10.58 | 2 810.4 | 140.00 | 26 | 20.10 | |
| 4 | CL－14 | 35.20 | 5 086.3 | 328.70 | | 39.79 | 307.9 |

以上研究表明,CL－14的热分解安全性良好,有望应用于HTPE推进剂中。

#### 3.2.6.7 CL－14对推进剂感度的影响

一般认为,不敏感含能材料对推进剂的感度有明显影响。研究了CL－

14 对推进剂感度的影响，结果见表 3.26。

**表 3.26 CL－14 对推进剂感度影响**

| CL－14 含量/(%) | 撞击感度($H_{50}$)/ cm | 摩擦感度/(%) |
|---|---|---|
| 0 | 23.3 | 44 |
| 5 | 35.5 | 30 |
| 10 | 40.2 | 24 |

由以上研究可知，CL－14 能明显降低推进剂机械感度，含 10%CL－14 的推进剂摩擦感度为 24%，撞击感度为 40.2 cm。

### 3.2.7 2,6－二氨基－3,5－二硝基吡嗪－1－氧化物

2,6－二氨基－3,5－二硝基吡嗪－1－氧化物(LLM－105)是目前合成的不敏感耐热炸药中能量最高的化合物，国外学者对 LLM－105 的报道主要集中在合成、配方性能和理论模拟计算上，国内对 LLM－105 的合成、性能测试和在炸药配方的应用报道较多。LLM－105 的含量对改性双基推进剂机械感度的影响数据见表 3.27。

**表 3.27 LLM－105 对改性双基推进剂机械感度的影响**

| LLM－105 含量/(%) | 撞击感度($H_{50}$)/ cm | 摩擦感度/(%) |
|---|---|---|
| 0 | 23.4 | 21 |
| 10 | 30.7 | 15 |
| 18 | 35.2 | 13 |
| 25 | 37.6 | 13 |
| 30 | 39.3 | 9 |

当用 10%的 LLM－105 取代 10%的 RDX 后，改性双基推进剂的机械感度明显降低，特性落高 $H_{50}$ 由 23.4cm 增加至 30.7cm，摩擦感度由 21%降至

15%,这充分说明用感度较低的高能量密度材料取代 RDX 或 HMX 来降低固体推进剂感度的途径是非常有效的。随着 LLM-105 在配方中含量的逐渐增加,RDX 被取代,推进剂的机械感度不断降低,当 RDX 被 LLM-105 完全取代时,推进剂的 $H_{50}$ 增加至 39.3 cm,说明 LLM-105 是非常有应用价值的含能不敏感剂。

## 3.3 增塑剂对改性双基推进剂感度的影响

### 3.3.1 硝化甘油

以固体推进剂中最常用的高能增塑剂硝化甘油(NG)和含能高分子黏合剂 GAP 为例,采用美国 Accelrys 公司开发的 MS 软件分别对游离态的 NG、GAP 以及 GAP 充分伸展塑化情况下的 GAP/NG 无定形分子混乱排列情况进行了模拟(见图 3-27),并以此为基础理论计算了纯 NG、GAP/NG 混合体系中 NG 的分子间作用力(范德华力和氢键)情况。

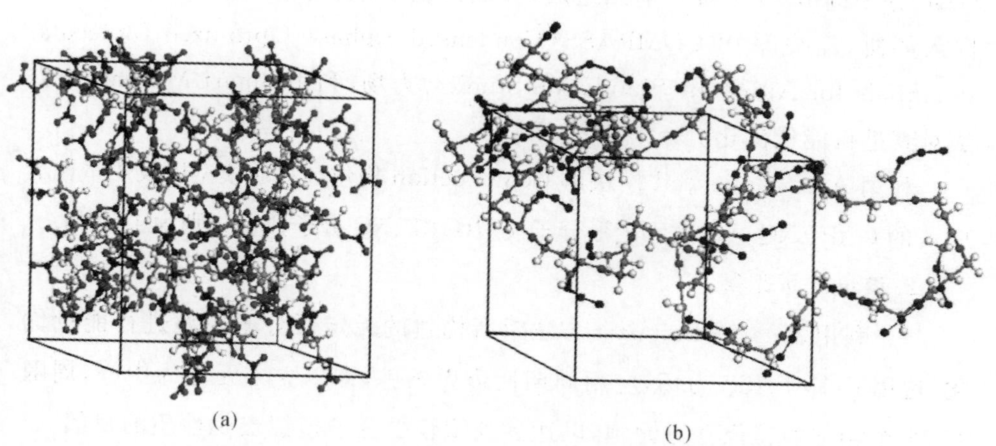

(a)　　(b)

图 3-27　NG、GAP 及 GAP /NG 体系无定形分子混乱模型

(a)NG;　(b)GAP

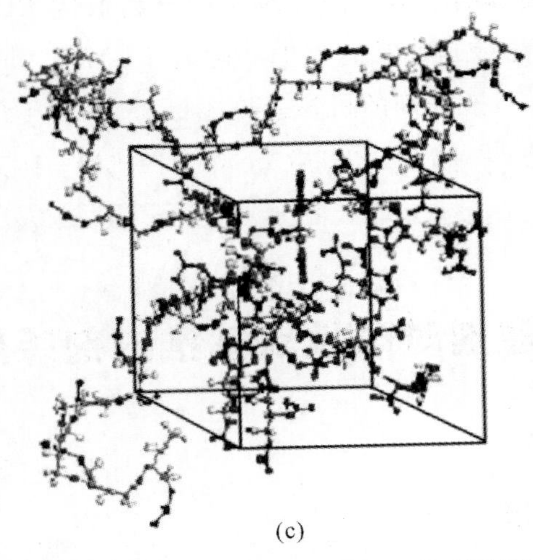

(c)

续图 3-27　NG、GAP 及 GAP /NG 体系无定形分子混乱模型

(c)GAP/NG

理论模拟过程如下。

1. 物理建模过程

考虑模拟体系大小对模拟效果的影响，并结合模拟效率因素，所建立的 GAP 分子链由 20 个聚合单元组成，并以羟基封端；为避免分子模型的能量陷入势阱，需先采用 COMPASS(Condensed - phase Optimized Molecular Potentials for Atomistie Simulation Studies)力场，利用 Smart Minimizer 方法对其进行能量优化。

利用 Amorphous cell 模块的 Construction 构建纯物质模型以及质量比为 1∶1 的 GAP /NG 共混物无定形分子模型(GAP、NG 分子数量分别为 1 和 45)。

2. 模拟计算过程

(1)利用 Smart Minimizer 方法对所构建的无定形分子模型进行能量优化，选用 COMPASS 力场，应用周期性边界条件，即以立方元胞为中心，周围有 26 个相邻的镜像立方元胞，以达到利用较少分子模拟宏观性质的目的。

(2)各分子起始速度由 Maxwell - Boltzmann 随机分布给定，用 Velocity Verlet 算法进行求解。

(3)对分子间的范德华力和静电作用力计算分别采用 atom - based 和

Ewald 方法，非键截取半径为 0.95 nm，样条宽度(spline width)取 0.1 nm，缓冲宽度(buffer width)取 0.05 nm。

(4)在 298 K、$1.01\times10^5$ Pa 条件下，采用 Andersen 控温方法和 Berendsen 控压方法，利用 discover 模块进行 400 ps、时间步长为 1 fs 的 NPT(正则系综，系统的粒子数 $N$、压强 $P$ 和温度 $T$ 恒定)分子动力学模拟，每 100 fs 取样一次，记录模拟轨迹。

(5)后 200ps 体系已经平衡(温度和能量随时间的变化率小于 5%)，对其分子动力学轨迹进行研究。

3. 结果分析

分子间作用力主要可分为范德华力(包括取向力、诱导力和色散力)和氢键，其作用范围分别为 0.31～0.50 nm 和 0.26～0.31 nm，其中氢键作用力强度远大于范德华力(约相差一个数量级)。内聚能密度(CED)也是表征分子间作用力大小的重要特征参数，是指把 1 mol 液体或固体的分子分离到分子引力以外范围所需要的能量，结果见表 3.28。

**表 3.28 GAP、NG、GAP /NG 体系中相邻分子间作用力情况**

| 体系 | 对象 | 范德华力 | | 氢键 | | 内聚能密度/(J·cm$^{-3}$) |
|---|---|---|---|---|---|---|
| | | 离解能 $D$/(J·mol$^{-1}$) | 作用范围 $r_o$/nm | 离解能 $D$/(J·mol$^{-1}$) | 作用范围 $r_o$/nm | |
| GAP | NG - GAP | $2.3\times10^3$ | 0.43 | $2.6\times10^4$ | 0.29 | 1 482.19 |
| NG | NG - NG | $2.8\times10^3$ | 0.38 | $2.1\times10^4$ | 0.27 | 964.52 |
| | GAP - GAP | $1.2\times10^3$ | 0.47 | $1.3\times10^4$ | 0.31 | 694.53 |
| GAP/NG | NG - NG | $0.9\times10^3$ | 0.45 | $0.6\times10^4$ | 0.30 | 468.10 |
| | GAP - NG | $1.4\times10^3$ | 0.36 | $2.1\times10^4$ | 0.25 | 649.99 |

径向分布函数(RDF)是反映分子间相互作用实质的物理量，它表示体系中一个粒子在距它 $r$ 处出现另一个粒子的概率密度相对于平均密度的比值。因此，可以通过研究原子对径向分布函数曲线中峰的位置来判断其相互作用力的类型，并根据其峰值的高低比较出现概率的大小，推断各原子之间相互

作用力的强弱。

在NG分子中，能与GAP中—OH基团中氧原子O1形成氢键作用的有—$NO_2$基团中的氧原子O2和氮原子N1、与—$NO_2$基团相连的氧原子O3。三种原子对O1—O2、O1—N1和O1—O3在GAP/NG模型中的径向分布函数曲线如图3-28所示。从中可看出，O1—O2原子对与O1—O3原子对分别在0.27 nm和0.29 nm附近出现峰，表明两种原子对间可形成氢键；从峰高可判断出前者的氢键作用更强，而后者的范德华力作用更强，氧原子O1与氮原子N1之间只存在范德华力作用。这也表明在NG分子的—$ONO_2$基团与NC分子的—OH基团起作用时，氧原子O2距离—OH基团最近，氧原子O3次之，氮原子N1最远，即—ONO2基团与—OH基团中各原子倾向于存在同一条直线上。

从上述理论研究可看出，在NG中混入一定量的高分子化合物，随着高分子化合物分子的完全伸展塑化，NG自身分子间的作用力明显减弱（减弱程度在$\frac{1}{2}$～$\frac{1}{3}$倍之间）。在受到外界刺激作用时，NG自身分子间的内摩擦大幅减弱；此外，高分子化合物塑化后使整个体系产生明显的黏弹性，在NG体系受到冲击震荡时可起到一定的缓冲作用。因此，通过添加一定量的可塑化的高分子化合物可有效降低该类增塑剂的机械感度。

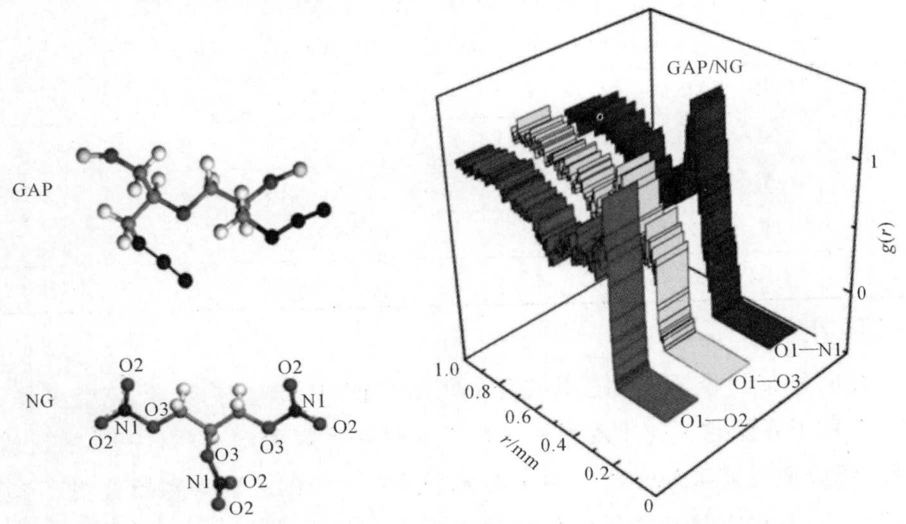


图3-28　GAP/NG模型中各原子对径向分布函数

此外，若不考虑推进剂的能量性能损失，在硝化甘油中混入一定量的低感含能增塑剂如 TEGDN、BTTN 等，也可在一定程度上降低 NG 体系的机械感度。

采用浇铸工艺制备了含 GAP/NG 的 CMDB 推进剂，其机械感度和力学性能数据见表 3.29 和表 3.30。

**表 3.29 推进剂的机械感度**

| 配方号 | 特性落高 $H_{50}$/cm | 摩擦感度 $P$/(%) |
|---|---|---|
| NG-CMDB 推进剂 | 23.2 | 51 |
| GAP/NG-CMDB 推进剂 | 30.6 | 40 |

**表 3.30 推进剂的力学性能**

| 配方号 | 20℃力学性能 | | 50℃力学性能 | | -40℃力学性能 | |
|---|---|---|---|---|---|---|
| | $\sigma_m$/MPa | $\varepsilon_m$/(%) | $\sigma_m$/MPa | $\varepsilon_m$/(%) | $\sigma_m$/MPa | $\varepsilon_m$/(%) |
| NG-CMDB 推进剂 | 7.33 | 5.25 | 0.58 | 13.71 | 12.54 | 1.70 |
| GAP/NG-CMDB 推进剂 | 8.67 | 6.58 | 0.78 | 15.63 | 14.24 | 1.98 |

可见，GAP/NG 的加入可以有效降低 CMDB 推进剂的机械感度，且由于引入含能黏合剂 GAP，推进剂的力学性能有了一定的提高。

## 3.3.2 三羟甲基乙烷三硝酸酯

三羟甲基乙烷三硝酸酯(TMETN)是一个具有代表性的含能增塑剂，其具有与 NG 相似的化学结构，而感度、吸湿性和毒性却比 NG 低很多。绿色不敏感的螺压改性双基推进剂已由法国研究人员成功研制出来。在此类推进剂中，NG 已完全取代 TMETN，且推进剂的感度明显下降。

### 3.3.2.1 实验与计算方法

1. 模型及计算方法

用 Materials Studio7.0 软件的 Visualizer 模块，建立相应的分子物理模

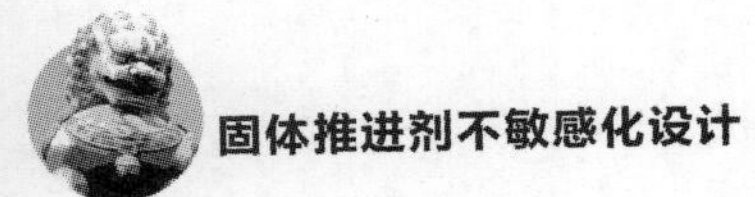


型。再选用 COMPASS(Condensed－phase Optimized Molecular Potentials for Atomistic Simulation Studies)力场，利用 Smart Minimizer 方法对其进行几何构型优化。这个力场适用于硝酸酯增塑剂和黏合剂的分子动力学模拟。

运用 Visualizer 模块搭建 NG、TMETN、BTTN 和 NC 的分子模型，然后运用 Smart Mininization 方法优化其结构。NG、BTTN、TMETN 和 NC 的分子模型如图 3－29～图 3－32 所示。采用 Amorphous cell 模块建立 NG/NC、TMETN/NC 和 NG/BTTN/NC 的混合模型，质量比接近于 32∶28，32∶28和 16∶16∶28。采用 Smart minimization 对以上无定形模型进行 5000 步能量最小化优化，优化过程采用 convergence level of medium。采用 Forcit 模块，在系综为 NPT 系综、初始温度为 298 K，增加温度为 70 K、压强为 101.325 kPa 此条件下，进行 400 ps 的分子动力学平衡以获得平衡密度，时间步长为 1 fs。系统的判据是温度和能量的平衡。当温度波动在 10 K 以内，或者能量在平均能量值附近波动不大时，系统是平衡的。

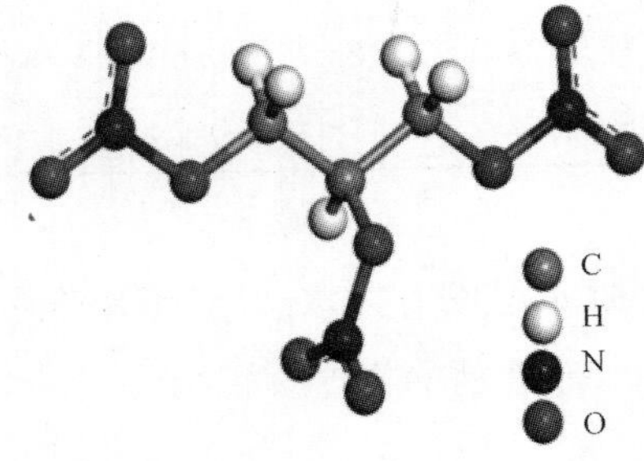


图 3－29　NG 的分子模型

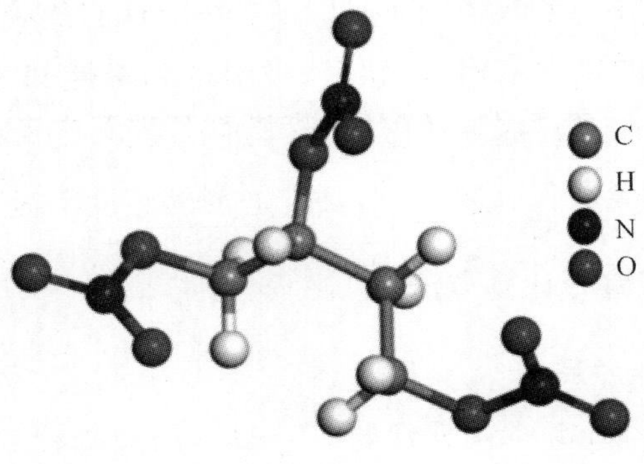


图 3－30　BTTN 的分子模型

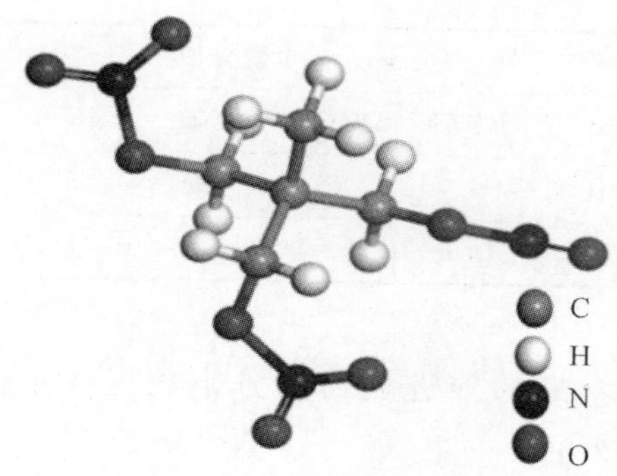


图 3-31 TMETN 的分子模型

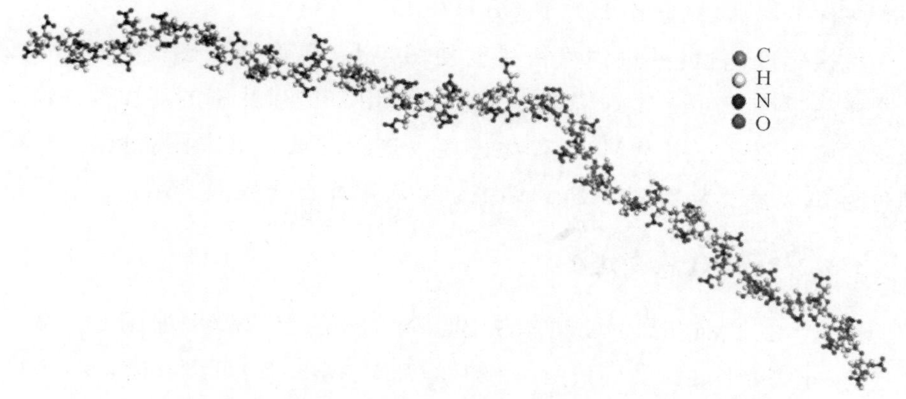


图 3-32 NC 的分子模型

2. 实验

样品准备：采用浇铸工艺制备了含不同增塑剂的 CMDB 推进剂，基础配方见表 3.31。

**表 3.31 CMDB 推进剂基础配方表**

| CMDB 推进剂 | 质量分数/(%) | | | | | | |
|---|---|---|---|---|---|---|---|
| | NG | BTTN | TMETN | NC | RDX | 安定剂 | 其他 |
| S-1 | 32 | | | 28 | 33 | 1.3 | 5.7 |
| S-2 | | | 32 | 26 | 33 | 1.3 | 5.7 |

续表

| CMDB 推进剂 | 质量分数/(%) | | | | | | |
|---|---|---|---|---|---|---|---|
| | NG | BTTN | TMETN | NC | RDX | 安定剂 | 其他 |
| S-3 | 16 | | 16 | 26 | 33 | 1.3 | 5.7 |
| S-4 | 16 | 16 | | 26 | 33 | 1.3 | 5.7 |

固化实验:将混合好的推进剂药浆分别放置在不同温度(65℃、70℃、75℃)的烘箱中固化 3 d。

力学性能测试:用 INSTRON 4505(USA)材料试验机测试固化后的 CMDB 推进剂抗拉强度及延伸率。将试样切成哑铃形状,在 -40℃、20℃及 50℃条件下测试,拉伸速率为 100 mm/min。

机械感度测试:推进剂撞击感度使用 WL-1 型撞击感度仪进行测试。单次样品量为 30 mg,2 kg 落锤。撞击感度用 50%爆炸率的特性落高值 $H_{50}$ 表示。摩擦感度使用 WM-1 摩擦感度仪进行测试。单次样品量为 20 mg,摆角为 66°,表压为 2.45 MPa。摩擦感度用爆炸百分数 P 表示。

#### 3.3.2.2 分子模型建立

NG/NC、TMETN/NC 和 NG/BTTN/NC 的混合模型如图 3-33~图 3-35所示。从图 3-33(a)、图 3-34(a)和图 3-35(a)可以看出,NG/NC 和 NG/BTTN/NC 混合模型中的 NC 链比 TMETN/NC 混合模型中的 NC 链更加舒展,说明 NG 和混合酯对微观建构的 NC 的塑化作用优于 TMETN 对 NC 的塑化作用。此外,图 3-33(b)中的 NC 链比图 3-33(a)中的链更为舒展。当温度从 298 K 增加到 343 K 时,几乎所有的 NC 链都贯穿于图 3-33 和图 3-35 中的分子模型中。这意味着,温度越高,NC 的微观结构在塑化过程中越有可能受到 NG 的影响。然而,在图 3-34(a)和图 3-34(b)中,温度对塑化过程中 NC 的微观结构影响不大。相对于 NG/NC 和 NG/BTTN/NC 体系,NC 的微观结构在不同温度下发生了轻微的改变。结果发现,NG 和 NG/BTTN 的塑化作用要优于 TMETN。

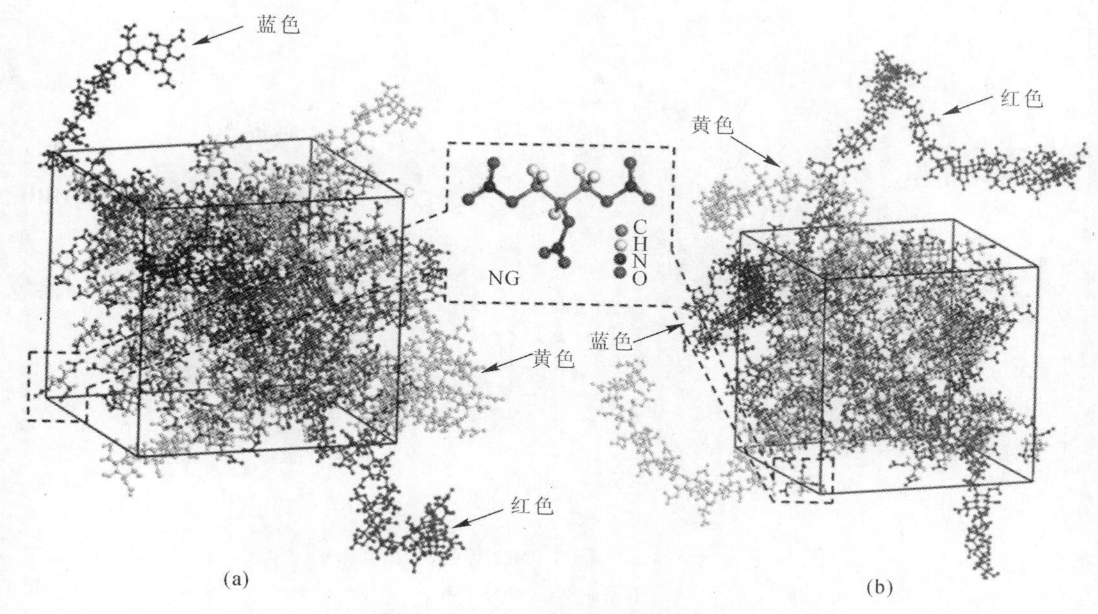


图 3-33 NG/NC 的混合模型

(a)298 K; (b)343 K

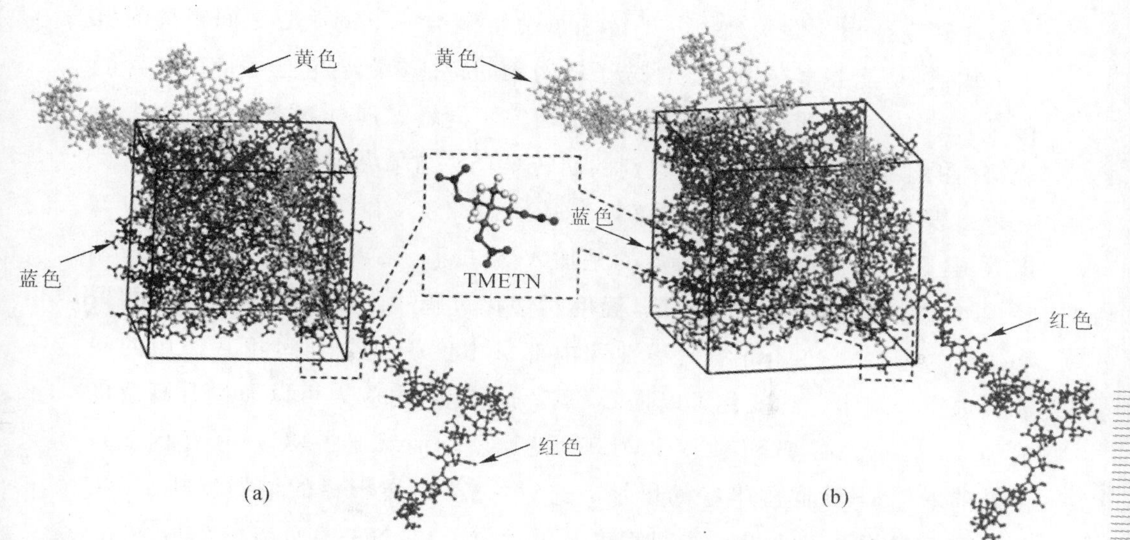


图 3-34 TMETN/NC 的混合模型

(a)298 K; (b)343 K

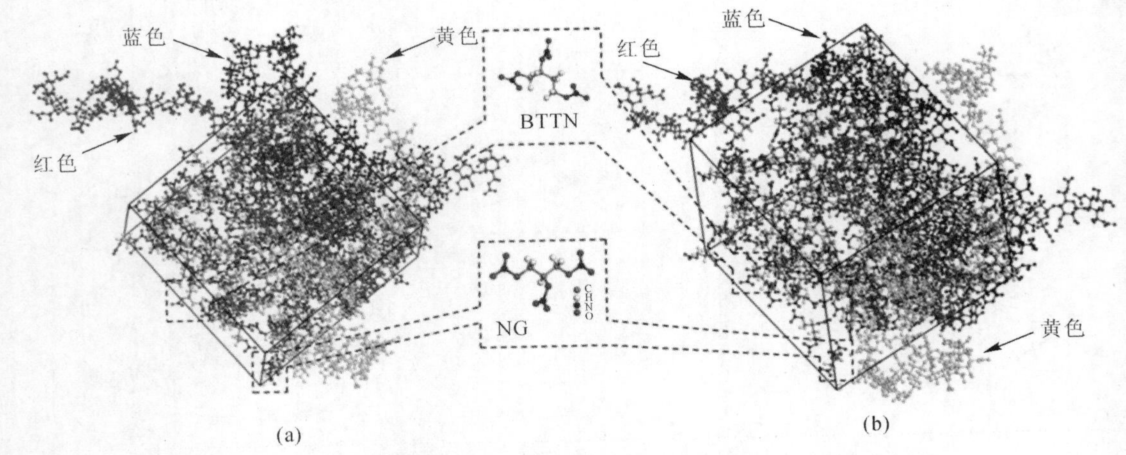


图 3-35　NG/BTTN/NC 的混合模型

(a)298 K；(b)343 K

#### 3.3.2.3　回转半径

回转半径指线性聚合物分子链中每个链节与分子链质心之间距离的统计平均值，是能够直接反应线性分子链构象的特征参数。它已经应用在含能材料的结构、力学和分子模拟上。为了研究不同增塑剂对 NC 塑化过程中微观结构的影响，计算了不同增塑剂的回转半径。结果见表 3.32。

由表 3.32 可知，回转半径随着 NG、NG/BTTN 和 TMETN 的加入显著增大，且在相同温度下增大最多的是加入 NG 后。随着温度的升高，回转半径也增大。然而，与增塑剂相比，温度对塑化过程中 NC 微观结构的影响较小。作为聚合物，NC 链的灵活性和内部自由度受到分子间相互作用的限制。根据回转半径的变化可以推断，NC 分子链的内应力可以通过升高温度或加入如 NG、NG/BTTN 和 TMETN 的增塑剂而减弱。NC 分子链内部自由度的增加，导致回旋半径的增加。这意味着，回转半径的增加反映了 NC 与不同增塑剂之间的相互作用程度。因此，NC 与 NG 的回旋半径最高，它们的相互作用最强。

表 3.32 各模型中 NC 分子链在不同温度下的回转半径

| NC 分子链 | 模 型 | 回转半径/nm | |
|---|---|---|---|
| | | 298 K | 343 K |
| NC(红色) | NC | 2.284 | 2.288 |
| | NG/NC | 3.625 | 3.628 |
| | TMETN/NC | 2.696 | 2.700 |
| | NG/BTTN/NC | 3.328 | 3.331 |
| NC(蓝色) | NC | 1.437 | 1.441 |
| | NG/NC | 2.176 | 2.179 |
| | TMETN/NC | 1.621 | 1.524 |
| | NG/BTTN/NC | 1.864 | 1.868 |
| NC(黄色) | NC | 1.848 | 1.850 |
| | NG/NC | 2.621 | 2.625 |
| | TMETN/NC | 1.973 | 1.976 |
| | NG/BTTN/NC | 2.354 | 2.358 |

#### 3.3.2.4 径向分布函数

径向分布函数(RDF)是反映材料微观结构的特征物理量,它表示在与某一设定中心粒子 A 相距 r 处,另一设定粒子 B 的数目密度与 B 的平均数目密度的比值,可以通过分析径向分布函数中峰的位置来判断相互作用力的类型,并根据峰值的高低推断作用力的强弱。为了进一步揭示 NC 分子链与不同增塑剂之间的相互作用,对 RDF 进行了分析。考虑两种原子对(H—O 和 H—N),NC 分子中的 H、O、N(带负电荷)被标记为 H1、O1、N1,而不同增塑剂分子中的 H、O、N 分别被标记为 H2、O2、N2。不同温度下 NG/NC、NG/BTTN/NC 和 TMETN/NC 中 H—O 和 H—N 原子对的径向分布函数如图

3－36所示。

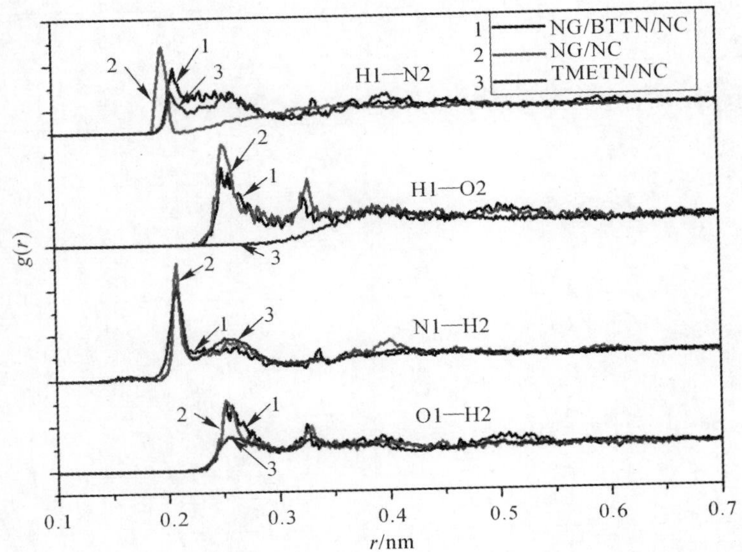


图3－36　不同温度下NG/NC、NG/BTTN/NC和TMETN/NC中H—O和H—N原子对的径向分布函数

一般来说，分子间存在的非键合力主要可分为氢键作用力和范德华力，前者的作用范围为0.26～0.31 nm，后者的作用范围为0.31～0.50 nm。当R大于0.50 nm，范德华力会很弱。如图3－36所示，NG/NC、NG/BTTN/NC和TMETN/NC混合物的RDF曲线显示H1－N2和N1－H2原子对均在0.2nm处出现了强尖峰，H1－O2和O1－H2原子对均在0.26 nm处出现了尖锐的强峰，且它们都在氢键范围内。此外，在NG/NC和NG/BTTN/NC混合物中H1－O2和O1－H2原子对在0.33 nm处出现了一个尖峰，属于强的范德华力。H1－N2和N1－H2原子对的其他宽峰发生在更远的距离，也属于范德华力范畴内。综上所述，当NC与其他增塑剂混合时，NC、NG、TMETN和BTTN中的N原子对分子间相互作用有着巨大的影响。此外，通过比较相同的原子对，NG/NC所有原子对的$g(r)$值均高于NG/BTTN/NC和TMETN/NC所有原子对的$g(r)$值。结果表明，NG与NC之间存在较强的相互作用，这与前面的讨论相一致。

#### 3.3.2.5 含 TMETN 改性双基推进剂的固化性能

动态力学性能可用于判断不同增塑剂对 NC 的塑化作用。它可以用于比较一个聚合-增塑体系在塑化过程中不同的增塑剂之间的塑化效果。为了判断数值模拟的准确度，利用浇铸工艺制备了含不同聚合物-增塑剂体系的 CMDB 推进剂，并且将 S-2 和 S-3 推进剂药浆分别放置在 65℃、70℃和 75℃条件下的烘箱中固化。由于 NG/NC 和 NG/BTTN/NC 体系在浇铸 CMDB 推进剂中属于成熟的配方体系，因此作为比较将 S-1 和 S-4 推进剂放置在 70℃条件下的烘箱中固化。固化实验结果见表 3.33。

在表 3.33 中，S-2 和 S-3 推进剂药浆在 65℃条件下未固化，S-2 推进剂药浆在 70℃条件下也未固化，70℃条件下固化的 S-3 推进剂和 75℃条件下固化的 S-2 推进剂剖面显示，其组分分布不均匀，有分层现象，说明这两个条件下的推进剂未固化完全。这证明即使将固化温度提升至 75℃，只含有 TMETN 一种增塑剂的推进剂仍不能固化。因此，TMETN 不能单独作为增塑剂用于浇铸 CMDB 推进剂。然而，显示 S-3 推进剂在 75℃条件下固化后样品表面分布均匀，说明含有混合增塑剂 NG/TMETN 的推进剂在升高温度后能够很好固化。这个结果与理论模拟相一致。NG 和 NG/BTTN 的塑化性能远比 TMETN 要好。如果要将 TMETN 应用于浇铸 CMDB 推进剂，就需要添加 NG 作为辅助增塑剂或需要优化固化工艺，如提高固化温度。

**表 3.33 固化实验结果**

| 推进剂 | 65℃实验结果 |
|---|---|
| 温度 | 65℃ |
| S-1 | — |
| S-2 | 未固化 |
| S-3 | 未固化 |
| S-4 | — |

续 表

| 推进剂 | 70℃实验结果 |
| --- | --- |
| S－1 | S－1 推进剂药块的剖面照 |
| S－2 | 未固化 |
| S－3 |  S－3 推进剂药块的剖面照 |
| S－4 | S－4 推进剂药块的剖面照 |
| 推进剂 | 75℃实验结果 |
| S－1 | — |
| S－2 | 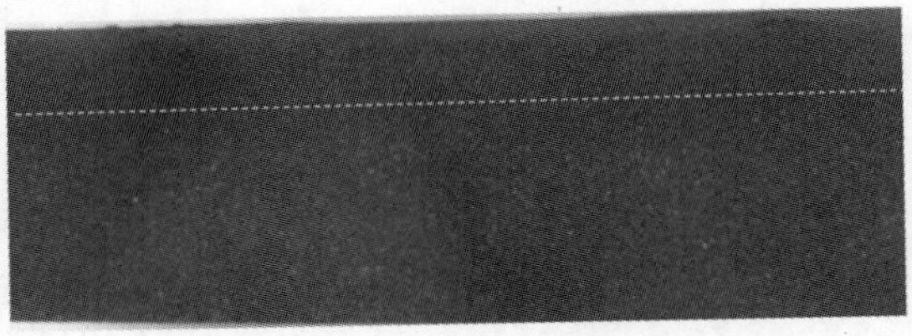 S－2 推进剂药块的剖面照 |

续 表

| 推进剂 | 试验结果 |
| --- | --- |
| S－3 | S－3 推进剂药块的剖面照 |
| S－4 | — |

### 3.3.2.6 含 TMETN 改性双基推进剂的力学性能

浇铸 CMDB 推进剂的力学性能也可以被用来判断不同增塑剂对 NC 的塑化效果。随着力学性能的提高，塑化性能明显提高。S－1、S－3 和 S－4 推进剂的力学性能列于表 3.34 中。从表 3.34 中可以看出，含有 NG 和 NG/BTTN 的 S－1 和 S－4 推进剂的力学性能明显优于含有混合增塑剂 NG/TMETN 的 S－3 推进剂。这是因为 TMETN/NC 的塑化性能不如 NG/NC 体系的塑化性能好，这与模拟结果吻合良好。

**表 3.34 推进剂的力学性能**

| 配方号 | 20℃力学性能 | | 50℃力学性能 | | －40℃力学性能 | |
| --- | --- | --- | --- | --- | --- | --- |
| | $\sigma_m$/MPa | $\varepsilon_m$/(%) | $\sigma_m$/MPa | $\varepsilon_m$/(%) | $\sigma_m$/MPa | $\varepsilon_m$/(%) |
| S－1 | 7.6 | 5.31 | 0.78 | 15.8 | 14.3 | 2.03 |
| S－3 | 5.8 | 4.63 | 0.58 | 13.8 | 12.6 | 1.73 |
| S－4 | 6.1 | 5.08 | 0.65 | 14.3 | 13.2 | 1.92 |

### 3.3.2.7 含 TMETN 改性双基推进剂的机械感度

S－1、S－3、S－4 推进剂的机械感度结果见表 3.35。从表 3.35 可以看出，与 S-1、S-4 推进剂相比，S-3 推进剂的撞击感度和摩擦感度均显著降低，这是由于增塑剂的感度大小依次为：NG>NG/BTTN>TMETN。结果表明浇铸 CMDB 推进剂中用 TMETN 部分取代 NG 可显著降低机械感度。在 CMDB 推进剂中添加 TMETN 作为主要增塑剂，并通过添加辅助增塑剂或提高固化温度，可显著降低推进剂的机械感度。

**表 3.35 推进剂的机械感度**

| 配方号 | 特性落高 $H_{50}$/cm | 摩擦感度 $P$/(%) |
|---|---|---|
| S-1 | 27.2 | 72 |
| S-3 | 58.6 | 40 |
| S-4 | 34.6 | 56 |

## 参考文献


[1] 刘所恩，陈锦芳，潘葆，等. 新型螺压高能改性双基推进剂研究[J]. 兵工学报，2015，36(6)：1123-1127.

[2] 张超，王存权，陈俊波，等. 热塑性聚氨酯弹性体包覆 CL-20 及对改性双基推进剂性能影响[J]. 火工品，2017(4)：57-60.

[3] 樊学忠，蔚红建，等. 爆胶棉对浇铸高能少烟 CMDB 推进剂工艺和力学性能的影响[J]. 含能材料，2010，18(5)：574-578.

[4] 李吉祯，樊学忠，唐秋凡，等. 高氮含能化合物在 CMDB 推进剂中的应用[M]. 西安：陕西师范大学出版总社，2017.

[5] ASTHANA S N, ATHAWALE B K, SINGH H. Impact, friction, shock sensitivities and ddt behaviour of advanced CMDB propellants [J]. Defence Science Journal, 2013, 39(1): 99-107.

[6] 刘所恩，周伟良，赵效民，等. 螺压硝胺改性双基推进剂对冲击波激励的安全性评价[J]. 含能材料，2015，23(7)：644-647.

[7] 付小龙，樊学忠，毕福强，等. 硝基呋咱/CMDB 推进剂能量特性[J]. 含能材料，2014，22(6)：852-856.

[8] 张超,张晓宏,杨立波,等. 含 LLM-105 的改性双基推进剂的机械感度[J]. 火工品,2014(2):33-36.

[9] 付小龙,樊学忠. 不敏感推进剂配方研究及发展趋势[J]. 火炸药学报,2014,37(5):1-8.

[10] 庞维强,张教强,国际英,等. 21 世纪国外固体推进剂的研究与发展趋势[J]. 化学推进剂与高分子材料, 2005, 3(3): 16-21.

[11] TA C H, HUA C J, Effect of cooling load on the safety factor of propellant grains[J]. Journal of Propulsion and Power, 2013, 29: 27-33.

[12] Hazard assessment tests for non - nuclear munitions, MIL - STIY2105A [S]. Washington D C:Department of Defense, 1991.

[13] Hazard assessment tests for non - nuclear munitions, MIL - STD - 2105D[S]. Washington D C: Department of Defense, 2011.

[14] 付小龙,樊学忠,李吉祯,等. FOX-7 研究新进展[J]. 科学技术与工程,2014, 14(14):112-119.

[15] 陈京,刘 萌,何琦文,等. TMETN/NG 混合增塑剂及 NC 共混体系的性能模拟[J]. 含能材料,2018,26(6):483-488.

[16] DAMSE R S, OMPRAKASH B, TOPE B G, et al. Study of N-n-butyl-N-(2-nitroxyethyl)nitramine in RDX based gun propellant [J]. Journal of Hazardous Materials, 2009, 167(1):1222-1225.

[17] 樊学忠,张伟,李吉祯,等.浇铸复合改性双基推进剂[M].西安:陕西师范大学出版总社,2017.

[18] 李吉祯,付小龙,樊学忠,等. 高氯酸铵/铝粉-复合改性双基推进剂燃速与热分解的相关性研究[J]. 兵工学报,2010,31(10):1351-1356.

[19] YAN Q L, ZHU W H, PANG A M, et al. Theoretical study on the unimolecular decomposition of nitroglycerin [J]. Journal of Molecular Modeling, 2013, 19(4):1617-1626.

[20] 赵本波,夏敏,黄家琪,等. Bu-NENA/NC 低感度双基推进剂性能研究[J]. 含能材料,2017,25(10):794-798.

[21] 周长肖,申程,陆明,等. 氮杂双环硝胺类含能材料的分子结构与性能

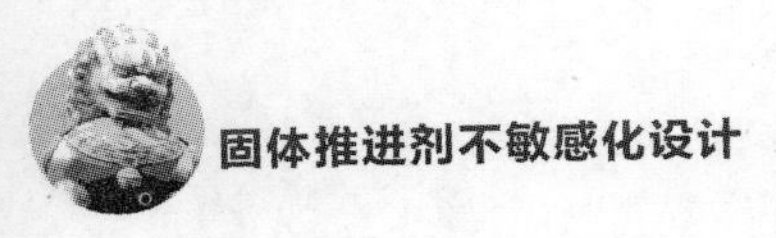


的关系[J]. 火炸药学报,2017,40(3):21-26.

[22] M.J. FRISCH, G.W. TRUCKS, H.B. SCHLEGEL, et al. Pople, Gaussian 09, Rev. A.02[M]. Gaussian, Inc, Wallingford CT,2009.

[23] 苏海鹏,毕福强,葛忠学,等. 二硝基芳杂环并哒嗪化合物结构和性能的理论计算[J]. 火炸药学报,2014,37(4):54-59.

[24] 肖鹤鸣. 硝基化合物的分子轨道理论[M]. 北京:国防工业出版社,1993.

[25] 谭碧生,黄明,李金山,等. 一种新的炸药感度判据:键 & 非键耦合分子刚柔度[J]. 含能材料,2016,24(1):10-18.

[26] TANG Q F, FAN X Z, LIA J Z, et al. Experimental and theoretical studies on stability of new stabilizers for N-methyl-P-nitroaniline derivative in CMDB propellants[J]. Journal of Hazardous Materials, 2017,327:187-196.

[27] BECKE A D. Density-functional thermochemistry. Ⅲ:The role of exact exchange[J]. Journal of Chemistry Physics, 1993, 98(7): 5648-5652.

[28] 张端庆. 固体火箭推进剂[M]. 北京:兵器工业出版社, 1991.

[29] 任慧,屈一新. 卟吩结构的 HARTREE-FORCK 和密度泛函研究比较[J]. 计算机与应用化学,2006,23(5):431-435.

[30] 杨作银,李瑞芳,杨霞,等. 异构体 $C_{36}O$ 的结构及其相对稳定性的理论研究[J]. 高等学校化学学报,2002,23(10):1926-1929.

[31] 刘冬梅,赵丽,肖继军,等. 不同温度下 HMX 和 RDX 晶体的感度判别和力学性能预估:分子动力学比较研究[J]. 高等学校化学学报,2013,34(11):2558-2565.

[32] MAUS M, WAGNER K, KORNHERR A, et al. Molecular dynamics simulations for drug dosage form development: thermal and solubility characteristics for hot-melt extrusion[J]. Molecular Simulation, 2008, 34(10): 1197-1207.

[33] YIN K, ZOU D, YANG B, et al. Investigation of H-bonding for the related force fields in materials studio software[J]. Computers &

Applied Chemistry, 2006, 23(12): 1335 - 1340.

[34] FU X L, FAN X Z, JU X H, et al. Molecular dynamic simulations on the interaction between an HTPE polymer and energetic plasticizers in a solid propellant[J]. RSC Advances, 2015, 5, 52844 - 52851.

[35] FU X L, LIU X Y, SUN P P, et al. A new family of insensitive energetic copolymers composed of nitro and nitrogen - rich energy components Structure, physicochemical property and density functional theory[J]. Journal of Analytical and Applied Pyrolysis, 2015, 114:79 - 90.

[36] CHOI C S,PRINCE E ,Acta Crystallogr. Sect. B : Struct. Sci. , 1972,28(9),2857 - 2862.

[37] Chang S. C. ,Henry P. B. ,Acta Crystallogr. Sect. B : Struct. Sci. ,1970,26,1235 - 1240.

[38] Andersen H. C. ,J. Chem. Phys. ,1980,72(4),2384 - 2393.

[39] Parrinello M. ,Rahman A. ,J. Appl. Phys. ,1981,52(12),7182 - 7190

[40] ALLEN M P ,TILDESLEY D J ,Computer Simulation of Liquids [M]. Oxford,Oxford University Press,1987,156

[41] 朱伟,肖继军,郑剑,等. 高能混合物的感度理论判别-不同配比和不同温度 AP/HMX 的 MD 研究[J]. 化学学报,2008 ,66(23):2592 - 2596.

[42] 刘冬梅,赵丽,肖继军,等. 不同温度下 HMX 和 RDX 晶体的感度判别和力学性能预估-子动力学比较研究[J]. 高等学校化学学报, 2013,34(11):2558 - 2564.

[43] 袁林林,肖继军,赵峰,等. ε - CL - 20 不同晶面与 PVA、PEG 复合物的 MD 模拟[J]. 含能材料,2016,24(2):124 - 128.

[44] 石晓峰,王晶禹,李小东,等. RDX 基复合含能微球的制备及表征[J]. 含能材料,2015,23(5):428 - 432.

[45] 芮久后,赵雪. 高致密球形黑索今晶体的制备和性能[J]. 兵工学报,

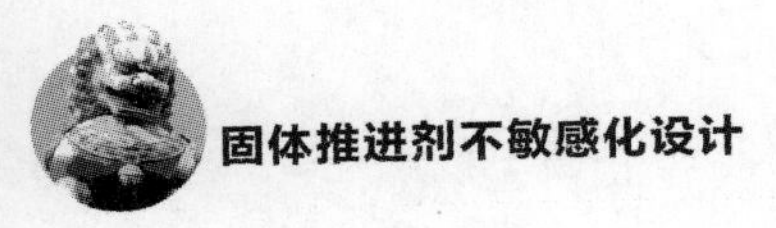


2013,34(1):41-44.

[46] 张帅,黄辉,罗观,等. RDX包覆度表征[J]. 含能材料,2014,22(1):57-61.

[47] 李江存,焦清介,任慧,等. 层层组装法制备NC-BA-RDX包覆球[J]. 固体火箭技术,2008,31(3):247-250.

[48] 尚菲菲,张景林,王金英,等. 超临界流体增强溶液扩散技术制备超细RDX[J]. 含能材料,2014,22(1):43-48.

[49] 唐秋凡,屈蓓,李吉祯,等. 不同TMETN/NG配比对CMDB推进剂塑化特性的影响[J]. 火炸药学报,2018,41(5):489-495

[50] J H YI, F Q ZHAO, B Z WANG, et al. Thermal behaviors, nonisothermal decomposition reaction kinetics, thermal safety and burning rates of BTATz - CMDB propellant [J]. Journal of Hazardous Materials, 2010, 181(s1-3): 432-439.

[51] LI S, LIU Y, TUO X, et al. Mesoscale dynamic simulation on phase separation between plasticizer and binder in NEPE propellants[J]. Polymer, 2008, 49(11):2775-2780.

[52] FU X L, FAN X Z. Curing reaction kinetics of HTPE polymer studied by simultaneous rheometry and FT-IR measurements[J]. Journal of Thermal Analysis and Calorimetry. Journal of Thermal Analysis and Calorimetry, 2016,118:1-9.

[53] 张超,秦能,李宏岩,等. 改性双基推进剂冲击波感度研究[J]. 火工品,2015(2):14-17.

[54] 汪营磊,刘卫孝,汪伟,等. 微反应技术合成不敏感硝酸酯增塑剂TMETN和PGDN[J]. 火炸药学报,2018,41(4):359-362.

[55] 张伟,刘芳莉,樊学忠,等. 热分析法研究ADN与推进剂组分的相互作用及相容性[J]. 固体火箭技术,2014,37(5):666-671.

[56] 齐晓飞,闫宁,严启龙,等. 硝化纤维素/增塑剂共混体系相结构的介观动力学模拟[J]. 火炸药学报,2017,40(6):101-107.

[57] CHAN M L, TURNER A D. Insensitive high energy booster propellant: US, 6576072[P]. 2003.

[58] GARG S, GAO H X. FOX－7(1,1－Diamino－2,2－dinitroethene): trapped by copper and amines [J]. Inorg Chem, 2011, 50:390－395.

[59] 陈中娥,李忠友,姚南,等. FOX－7及含FOX－7的HTPB推进剂安全性能[J]. 含能材料, 2010, 18(3): 316－319.

[60] YANG Z C, JIE S Y, DONG Z X, et al. Dynamics simulation of adsorptions of two fluorine－polymers on TATB crystal surfaces[J]. Energetic Materials, 2005:(04):238－241.

[61] YAN Z C, JIE S Y, HUANG H, et al. Simulation of the adsorptions of methane and its fluorine or chlorine－substitutes on TATB crystal surfaces[J]. Explosion & Shock Waves, 2004, 24(6): 563－566.

[62] XU X J, XIAO J J, HUANG H, et al. Molecular dynamics simulations on thestructures and properties of －CL－20－based PBXs [J]. Sci. China Ser. B: Chem., 2007, 50:737.

[63] Ting Sun, Ji Jun Xiao, Qiang Liu, et al. Comparative study on structure, energetic and mechanical properties of a 3－CL－20/HMX cocrystal and its composite with molecular dynamics simulation. J. Mater. Chem. A, 2014, 2:13898－13904.

[64] 焦东明,杨月诚,强洪夫,等. 铝粉氧化对端羟基聚丁二烯界面吸附影响的分子模拟[J]. 火炸药学报,2009,32(6):79－83.

[65] 陈人杰,李国平,孙杰,等. 溶胶-凝胶法制备RDX/AP/$SiO_2$复合含能材料[J]. 固体火箭技术,2010,33(6):667－669.

[66] 李江存,焦清介,任慧,等. 层层组装法制备NC－BA－RDX包覆球[J]. 固体火箭技术,2008,31(3):247－250.

[67] 安崇伟,郭效德,宋小兰,等. RDX/硬脂酸铅复合粒子的制备及其性能表征[J]. 固体火箭技术,2008,31(5):504－507.

[68] Akkbarzade H, Parsafar G A, Bayat Y. Structural stability of nano－sized crystals of HMX: A molecular dynamics simulation study[J], Appl. Surf. Sci.,2012,258:2226－2230.

[69] 李小东,王江,冀威,等. 喷雾干燥法制备球形HMX的正交实验[J]. 含能材料,2016,24(5):439－443.

[70] CERRI S, BOHN M A, MENKE K, et al. Characterization of ADN/GAP - Based and ADN/Desmophen © - based propellant formulations and comparison with AP analogues [J]. Propell. Explos. Pyrot. , 2014, 39:192 - 204.

[71] MATOUŠ K, INGLIS H M, GU X, et al, Multiscale modeling of solid propellants: From particle packing to failure[J]. Compos. Sci. Technol. , 2007, 67 :1694 - 1708.

[72] GUO D, AN Q, GODDARDLLL W A, et al. Compressive shear reactive molecular dynamics studies indicating that cocrystals of TNT/CL - 20 decrease sensitivity[J]. J. Phys. Chem. C. , 2014, 118:30202 - 30208.

[73] GUO D, AN Q, ZYBIN S V, et al. The co - crystal of TNT/CL - 20 leads to decreased sensitivity toward thermal decomposition from first principles based reactive molecular dynamics [J]. J. Mater. Chem. A. , 2015, 3 :5409 - 5419.

[74] DING Y, HU C, GUO X, et al. Structure and mechanical properties of novel composites based on glycidylazide polymer and propargyl - terminated polybutadiene as potential binder of solid propellant[J]. J. Appl. Polym. Sci. , 2014, 131:2540 - 2540.

[75] 刘飞,吴晓青,艾罡,等. DMF -水球形化重结晶 HMX 工艺研究[J]. 火工品,2011(3):30 - 33.

[76] 刘萌,李笑江,严启龙,等. 硝胺类高能炸药重结晶降感技术研究进展[J]. 化学推进剂与高分子材料,2011,9(6):54 - 56.

[77] LIU S, YE M, HAN A, et al. Preparation and characterization of energetic materials coated superfine aluminum particles[J]. Appl. Surf. Sci. , 2014, 288 :349 - 355.

[78] 沈金朋. HMX/TATB 共晶炸药的制备和表征[D]. 绵阳:西南科技大学,2011.

[79] 陈云阁. 含 TATB 炸药共晶技术的研究[D]. 太原:中北大学,2015.

[80] YAN S, JIAN G, ZACHARIAH M R. Electrospun nanofiber -

based thermite textiles and their reactive properties[J]. ACS Appl. Mater. Interfaces. 2012, 4 :6432 - 6435.

[81] ZHANG Y J, BAI Y, LI J Z, et al. Energetic nitrocellulose coating: effective way to decrease sensitivity and modify surface property of HMX particles [J]. Journal of Energetic Materials, 2019, 37(2): 212 -221.

[82] FAN X Z, WANG C Y, LI J Z, et al. Zinc(Ⅱ) and Cadmium(Ⅱ) complexes of 5 - ferrocnyl - 1H - tetrazole: synthesis, structure, and catalytic effects on thermal decomposition of energetic compounds [J]. Journal of Inorganic and General Chemistry, 2015, 26 (13): 1 - 8.

[83] LI J Z, FAN X Z, LIU X G, et al. Thermal decomposition of 4 - nitroimidazole catalyzed by Pb ( $NO_3$ )$_2$ [J]. Chinese Journal of Chemistry, 2008, 26: 127 - 129.

[84] LI J Z, FAN X Z, HU R Z, et al. Thermal behavior of copper(II)4 - nitromidazolate[J]. Journal of thermal analysis and calorimetry, 2009, 96(1):195 - 201.

[85] 屈蓓,唐秋凡,李吉祯,等. 分子动力学及热分析方法研究 CL - 20 与推进剂主要组分的相互作用[J]. 固体火箭技术,2017,40(4):476 - 483.

[86] YI J H, ZHAO F Q,XU S Y, et al. Effects of pressure and TEGDN content on decomposition reaction mechanism and kinetics of DB gun propellant containing the mixed ester of TEGDN and NG[J]. Journal of Hazardous Materials, 2008, 165(1):853 - 859.

[87] ZHANG C Y. Review of the establishment of nitrogroup charge method and its applications[J]. Journal of Hazardous Materials, 2009, 161:21 - 28.

[88] MIN - JUN KIM, LEE BUM - JAE. Synthesis and characterization of insensitive energetic plasticizer[J]. Journal of the Korean Society of Propulsion Engineers, 2016, 10:11 - 17 .

[89] S CERRI, M A. BOHN, K MENKE, et al. Characterization of ADN/GAP - based and ADN/Desmophen ⓇR - Based Propellant Formulations and Comparison with AP Analogues[J]. Propellants Explos. Pyrotech. 2014, 39, 192 - 204.

[90] KLAUS MENKE, THOMAS HEINTZ, WENKA SCHWEIKERT, et al. Formulation and Properties of ADN/GAP Propellants[J]. Propellants Explos. Pyrotech. , 2009, 34, 218 - 230.

[91] Y OYUMI, E KIMURA. Insensitive Munitions (IM) and Combustion Characteristics of GAP/AN Composite Propellants. Propellants, Explosives, Pyrotechnics, 1996, 21:271 - 275.

[92] B Z WANG, H HUO, J Z LI, et al. Synthesis and characterization of 4,6 - Dinitro - 5,7 - diamino Benzenfuroxan (CL - 14)[J]. Chinese Journal of Organic Chemistry, 2011, 31(1): 132 - 135.

[93] SHI X B, PANG W Q, WEI H J. Research progress and development trends of insensitive propellant [J]. Chemical Propellants & Polymeric Materials, 2007, 5, 24 - 32 .

[94] HU R Z, ZHAO F Q, GAO H X, et al. The Thermal safety and a density functional theoretical study on bis(2, 2, 2 - trinitroethyl) - nitramine (BTNNA) [J]. Chinese Journal of Explosives & Propellants, 2013,36(1):9 - 16.

[95] Y. Z. fu, L. Q. Liao and L. X. Yang, et al. , Molecular dynamics and dissipative particle dynamics simulations for prediction of miscibility in polyethylene terephthalate/polylactide blends, Mol. Simul. , 2013, 39, 415.

[96] YANG J Q, GONG X D, WANG G X. Theoretical studies on the plasticizing effect of DIANP on NC with various esterification degrees. Computational Materials Science, 2014, 95, 129 - 135.

[97] J Q YANG, X D GONG, G X WANG. Density Functional Theory and Molecular Dynamic Investigations on the Energetic and Mechanical Properties of Nitrocellulose/Nitroglycerin/

Pentaerythritol Diazido Dinitrate Composites. Polymer Composites, 2017, 38:192 - 198.

[98] MA X F, ZHU W H, MAO J J, et al. Molecular dynamics study of the structure and performance of simple and double bases propellants. Journal of Hazardous Materials, 2017, 156, 201 - 207.

[99] Yu Yanchun, Zhu Wei, Xiao Jijun, et al. Molecular Dynamics Simulation of Binding Energies and Mechanical Properties of Energetic Systems with Four Components. Acta Chimica Sinica, 2010, 68:1181 - 1187.

[100] CHEN P K, YAO L, LIU Y Y, et al. Experimental and theoretical study of dilute polyacrylamide solutions: effect of salt concentration [J]. J. Mol. Model., 2012, 18, 3153 - 3160.

[101] LIU Y Y, CHEN P K, LUO J L, et al. Molecular simulation of dilute polyacrylamide solutions[J] Acta Phys. Chim. Sin., 2010, 26, 2907 - 2914.

[102] X L FU, X Z FAN, X H JU, et al. Molecular dynamic simulations on the interaction between an HTPE polymer and energetic plasticizers in a solid propellant [J]. RSC Advances, 2015, 5: 52844 -52851.

[103] T SUN, J J XIAO, Q LIU, et al. Comparative study on structure, energetic and mechanical properties of a 3 - CL - 20/HMX cocrystal and its composite with molecular dynamics simulation [J]. J. Mater. Chem. A, 2014, 2:13898 - 13904.

[104] X J XU, J J XIAO, H HUANG et al. Molecular dynamics simulations on the structures and properties of ε - CL - 20 - based PBXs[J]. Sci. China, Ser. B: Chem., 2007, 50:737.

[105] ZHANG C Y, SHU Y J, ZHAO X D, et al. Computational investigation on HEDM of azoic and azoxy derivatives of DAF, FOX - 7, TATB, ANPZ and LLM - 105 [J]. Journal of Molecular Structure, 2005, 728: 129 - 134.

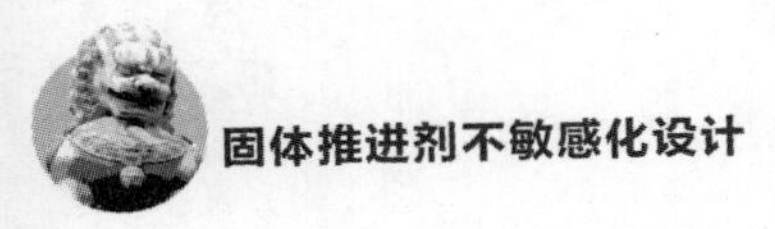



[106] N V LATYPOV, M JOHANSSON, E HOLMGREN. On the Synthesis of 1,1 - Diamino - 2,2 - dinitroethene (FOX - 7) by Nitration of 4,6 - Dihydroxy - 2 - methylpyrimidine [J]. Organic Process Research & Development, 2007, 11: 56 - 59.

[107] M JAIDANN, H A KACHID, X L LAMBERT, et al. Atomistic studies of RDX and FOX - 7 - Based Plastic - Bonded explosives: molecular dynamics simulation [J]. Procedia Computer Science, 2011, 4: 1177 - 1185.

[108] K Z XU, J SONG, F Q ZHAO, et al. Thermal behavior, specific heat capacity and adiabatic time - to - explosion of G(FOX - 7) [J]. Journal of Hazardous Materials, 2008, 158: 333 - 339.

[109] D C. SORESCU, J A BOATZ, D L THOMPSON. Classical and quantum - mechanical studies of crystalline FOX - 7 (1,1 - Diamino - 2,2 - dinitroethylene)[J]. J. Phys. Chem. A, 2001, 105: 5010 - 5021.

[110] P B KEMPA, M HERRMANN. Temperature resolvedx - ray diffraction for the investigation of the phase transitions of FOX - 7 [J]. Part. Syst. Charact. 2005, 22: 418 - 422.

[111] C Y ZHANG. Review of the establishment of nitro group charge method and its applications [J]. Journal of Hazardous Materials, 2009, 161: 21 - 28.

[112] P POLITZER, P LANE, M E GRICE, et al. Comparative computational analysis of some nitramine and difluoramine structures, dissociation energies and heats of formation [J]. Journal of Molecular Structure, 1995, 338: 249 - 256.

[113] 蔡华强，舒远杰，郁卫飞，等. 1,1 -二氨基- 2,2 -二硝基乙烯的研究进展[J]. 含能材料，2004，12(2)：124 - 128.

[114] A J BELLAMY, N V LATYPOV, P GOEDE. Transamination reactions of 1,1 - diamino - 2,2 - dinitroethene (FOX - 7) [J]. J. Chem. Research, 2002(s): 257.

[115] D C SORESCU, J A BOATZ, D L THOMPSON. First - Principles Calculations of the Adsorption of Nitromethane and 1,1 - Diamino - 2,2 - dinitroethylene (FOX - 7) Molecules on the Al(111) Surface [J]. J. Phys. Chem. B, 2003, 107: 8953 - 8964.

[116] G M KHRAPKOVSKII, D D SHARIPOV, A G SHAMOV, et al. Enthalpies of formation of mono substituted nitrobenzenes: A quantum chemistry study [J]. Computational and Theoretical Chemistry, 2013, 1011: 37 - 43.

[117] S GARG, H X GAO, D A PARRTSH, et al. FOX - 7 (1,1 - Diamino - 2, 2 - dinitroethene): Trapped by Copper and Amines [J]. Inorg. Chem., 2011, 50, 390 - 395.

[118] S J YE, K TONOKURA, M KOSHI. Energy transfer rates and impact sensitivities of crystalline explosives [J]. Combustion and Flame , 2003, 132: 240 - 246.

[119] X H JU, H M XIAO, Q Y XIA. A density functional theory investigation of 1, 1 - diamino - 2, 2 - dinitroethylene dimers and crystal [J]. Journal of Chemical Physics, 2003, 119(19): 10247 - 10255.

[120] 董岩,刘祖亮. 精制对5,7-二氨基-4,6-二硝基苯并氧化呋咱性能的影响[J]. 含能材料, 2013(6): 706 - 710.

[121] 董岩, 刘祖亮, 苏强, 等. 5, 7-二氨基-4, 6-二硝基苯并氧化呋咱的制备[J]. 爆破器材, 2013(1): 10 - 13.

[122] A SIKDER, R SINHA, B GANDHE. Cost - effective synthesis of 5, 7 - diamino - 4, 6 - dinitrobenzofuroxan (CL - 14) and its evaluation in plastic bonded explosives [J]. Journal of hazardous materials, 2003, 102(2): 137 - 145.

[123] A K SIKDER, S PAWAR, N SIKDER. Synthesis, characterisation, thermal and explosive properties of 4, 6 - dinitrobenzofuroxan salts[J]. Journal of hazardous materials, 2002, 90(3): 221 - 227.

[124] H E KISSINGER, A CHEM. Reaction kinetics in differential thermal analysis[J]. Analytical Chemistry, 2002, 29(11): 1702 - 1706.

[125] O TAKEO. A new method of analyzing thermogravimetric data [J]. Bulletin of the Chemical Society of Japan, 1965, 38(11): 1881 - 1886.

[126] 翟进贤，杨荣杰，李晓东. 二硝酰胺铵的燃烧和热分解[J]. 火炸药学报，2005，28(3)：83 - 86.

[127] 徐抗震，赵凤起，杨冉，等. GNTO的热分解动力学和比热容及绝热至爆时间研究[J]. 固体火箭技术，2009，32(1)：74 - 78.

# 第4章
# 复合推进剂降感及应用

本章主要介绍了复合推进剂的不敏感化设计方法，通过实验和理论研究分析了 HTPB 和 HTPE 两大类复合推进剂不敏感特性及其降感机理。对于 HTPB 推进剂，分析了 HATO 与该类推进剂组分相容性，介绍了其在 HTPB 推进剂中应用以及对推进剂感度的影响；在 HTPE 推进剂方面，首先介绍了该类推进剂感度机理，阐述了 HTPE 不敏感推进剂基础配方设计方法，同时对该类推进剂的不敏感特性进行了详细分析。

自1991年美国海军公布了不敏感弹药标准 MIL－STD－2105A后，世界各国均开始积极研究不敏感弹药。20世纪90年代，不敏感弹药被列为美国弹药关键技术的重点。要求无论是炸药、炮药还是火箭推进剂都应降低其敏感性，最终满足不敏感弹药的要求，目的是提高整个武器系统的战斗效应和战场环境下的生存能力，赢得战争，降低损失。复合推进剂是由聚合物及填充土体粉末氧化剂制成的，还可能加入金属粉，其不同于双基推进剂的微观均相结构，复合推进剂属于复合物结构，其配方组成复杂多样，由黏合剂、氧化剂、高能添加剂、增塑剂、固化剂、金属燃料和其他一些添加剂组成，主要应用于战略导弹、战术导弹、航空航天等武器装备中。因此，复合推进剂不敏感化也是当下提升高价值武器平台生存能力的关键技术途径之一。

## 4.1 HTPB推进剂的降感及应用

丁羟(HTPB)推进剂是目前我军远程火箭和导弹武器系统中使用最广泛的化学动力源之一，也是国际上武器系统使用最广泛的推进剂品种之一。目前，我国丁羟推进剂年产量上万吨，肩负着战略导弹、远程火箭弹和大部分

战术导弹武器系统动力系统装备任务。HTPB推进剂的降感主要采用不敏感材料取代推进剂中固含量和感度较高的氧化剂(AP等)和高能填料(RDX、HMX等)。

### 4.1.1 5,5′-联四唑-1,1′-二氧二羟铵对HTPB推进剂感度的影响

5,5′-联四唑-1,1′-二氧二羟铵(HATO)是一种富氮四唑类含能离子化合物,能量高于RDX和HMX,热安定性好且对撞击和摩擦等机械刺激不敏感,与固体推进剂常用组分化学相容性好,替代复合改性双基推进剂中的RDX后可显著提高其综合性能。

1. HATO与推进剂组分的相互作用

(1)HATO与推进剂硝胺组分的相互作用。RDX和HMX等硝胺化合物是复合推进剂中的高能组分。HATO与RDX、HMX混合体系的DSC曲线如图4-1和图4-2所示。由图可见,HATO与RDX混合后,HATO的特征分解峰消失,混合体系的DSC曲线发生了较大变化,与RDX相比,分解峰变得尖锐且前移了9.1℃。HATO的主分解峰与RDX的二次分解峰处于同一温度区间,因此,RDX的氧化性分解气体可以直接作用于HATO;同时,熔融的RDX使HATO在液态环境中分解,混合体系中的RDX的分解峰温提前,HATO的两个分解峰也都提前。HMX的热分解温度高于HATO,因此,HMX对HATO的热分解影响较小,使得HATO的分解峰温仅提前了0.5℃,但是HATO的分解反应释放出的高氧化性气体催化了HMX的分解,同时释放出的大量热也加速了HMX的分解过程,在286.4℃的放热峰应为HATO的第二阶段分解和剩余少量HMX热分解的共同结果。

(2)HATO与HTPB、AP的相互作用。HTPB和AP是复合推进剂的主要组分,HTPB作为黏结剂,占推进剂的10%左右,AP为氧化剂,在美国某型号复合推进剂中的含量高达70%。由于该批次HATO的分解峰温为243.6℃(见图4-3和图4-4),HTPB的分解温度较高,在50～400℃范围内,374.2℃处出现一个放热峰,AP在244.8℃处有一吸热峰,对应于AP由

立方晶型到斜方晶型的转晶过程。

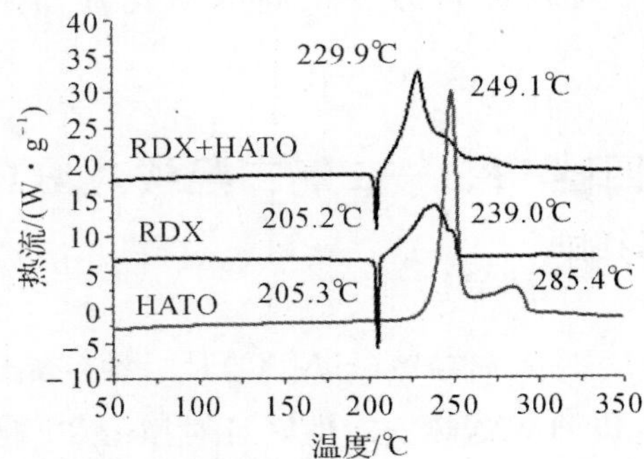


图 4-1　RDX+HATO 的 DSC 曲线

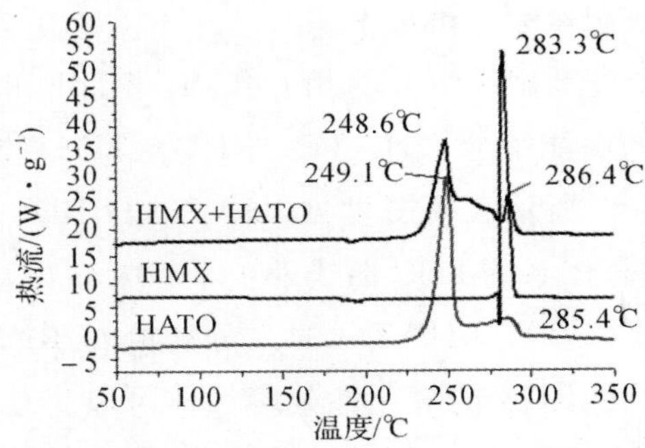


图 4-2　HMX+HATO 的 DSC 曲线

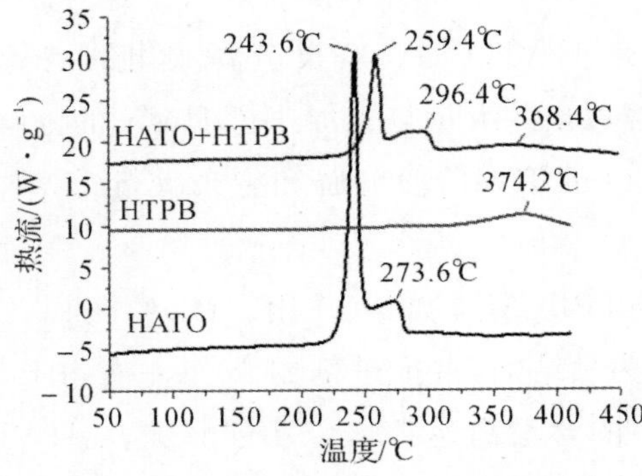


图 4-3　HTPB+HATO 的 DSC 曲线

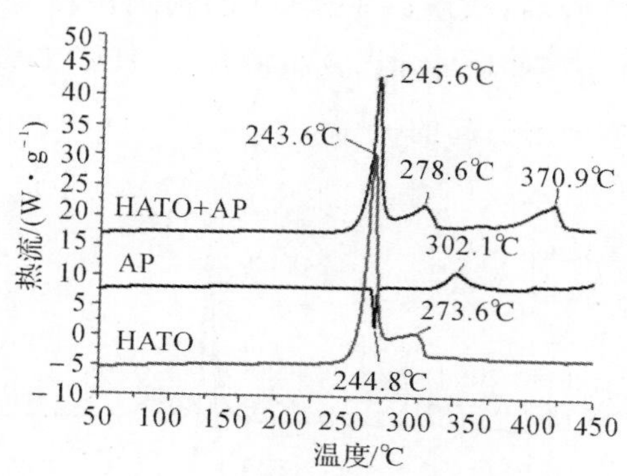


图 4-4 AP+HATO 的 DSC 曲线

将等质量的 HATO 与 HTPB 混合后，由于 HTPB 为液态且不含能，包裹在 HATO 表面，吸收了 HATO 分解产生的气体产物，一定程度上延缓了 HATO 的热分解过程，使得 HATO 两个阶段的热分解峰温分别后延了 15.8℃和 22.8℃。HATO 的第一个热分解过程和 AP 的转晶过程在同一个温度区间，而且 HATO 的分解放热大于 AP 的转晶吸热，因此，在二者混合体系的 DSC 曲线上未见吸热峰，而且 AP 的存在使得 HATO 的第一个分解峰和第二个分解峰分别后延了 2.3℃和 5.0℃。

(3)HATO 与 Al、NTO-Pb、CB 的相互作用。固体推进剂中还含有金属燃料 Al、燃速催化剂 NTO-Pb 和弹道改良剂 CB 等含量较少的组分，但是这些组分的加入有效改善了推进剂的综合性能。HATO 与 Al、NTO-Pb 及 CB 混合体系的 DSC 曲线如图 4-5～图 4-7 所示。由图可见，NTO-Pb 作为一种含能催化剂，具有较好的热稳定性，热分解峰温和 HATO 相近，二者混合体系的主要放热峰由两个强度基本相当的峰组成(243.9℃和 248.2℃)，分别对应 NTO-Pb 的主分解峰和 HATO 的主分解峰，且变化不大，可见 HATO 与 NTO-Pb 无明显的相互作用。Al 在 50～350℃的温度范围内无吸热或放热峰，这虽然使 HATO 的第二个分解峰温稍有前移，但对 HATO 的第一个分解峰影响较小。CB 同样在分析范围内无热响应，但使得混合体系的第一分解峰温较 HATO 前移了 5.8℃，第二分解峰温后移了 6.9℃，使得放热峰的范围增大，这表明部分碳与 HATO 分解产物(如原子氧等)发生了氧化还原放热反应，使放热峰提前。由于第一阶段分解产生的氧化性气体已为碳所消耗，所以 HATO 的第二阶段分解作用减弱，这可能是第二分解峰后移的原因。同时，这也验证了 HATO 第二个分解峰是由第一个分解峰的残渣分解引起的。

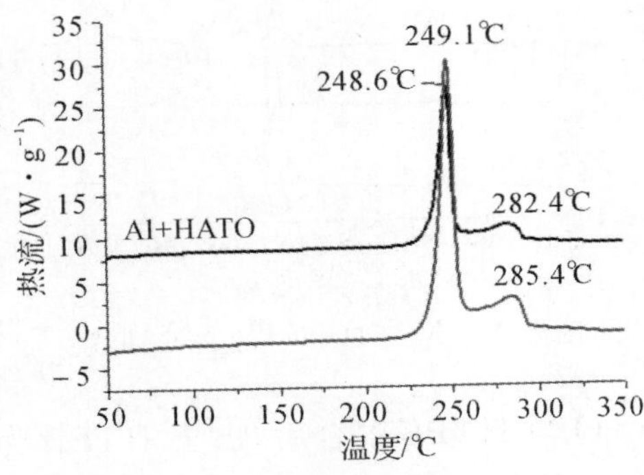


图 4-5　Al＋HATO 的 DSC 曲线

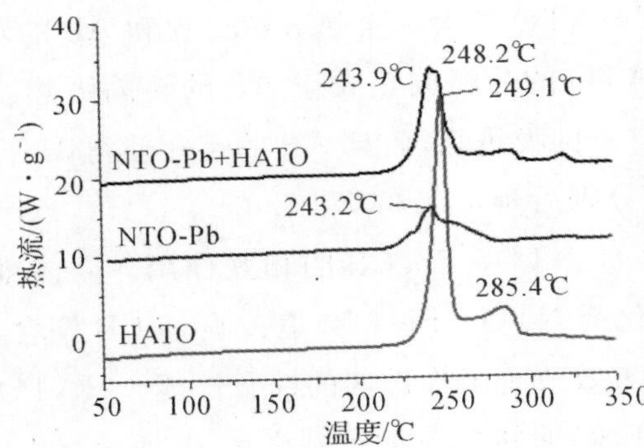


图 4-6　NTO-Pb＋HATO 的 DSC 曲线

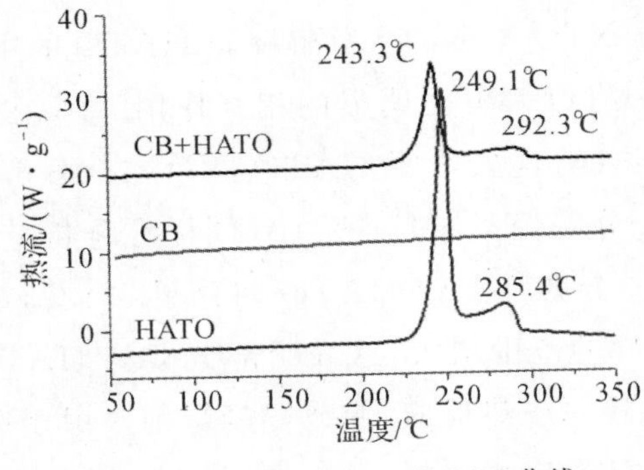


图 4-7　CB＋HATO 的 DSC 曲线

(4)HATO与推进剂主要组分的相容性研究。HATO与固体推进剂组分的单一和混合体系的DSC曲线的热分解峰温差值$\Delta T_p$见表4.1。由表4.1可见，HATO使得NC、RDX和CB的分解峰温分别提前了15.6℃、9.1℃和5.8℃，HMX、NTO－Pb和Al对HATO热分解峰温的影响较小，提前均小于2℃，HTPB和AP使得HATO的热分解峰温后延了5.8℃和2.3℃。由相容性判断标准可知，HATO与NC、NC/NG、DINA相容性差，与RDX、CB相容性较差，与HTPB、AP、HMX、NTO－Pb、Al相容。

**表4.1 二元混合体系的DSC测试结果**

| 混合体系 | $\Delta T_p$/℃ | 相容性 |
| --- | --- | --- |
| HATO＋NC | 15.6 | 相容性差 |
| HATO＋HTPB | －5.8 | 相容性好 |
| HATO＋AP | －2.3 | 相容性好 |
| HATO＋RDX | 9.1 | 相容性较差 |
| HATO＋HMX | 0.5 | 相容性好 |
| HATO＋NTO－Pb | －0.7 | 相容性好 |
| HATO＋Al | 0.5 | 相容性好 |
| HATO＋CB | 5.8 | 相容性较差 |

(5)HATO与推进剂药浆的相容性研究。采用DSC法和VST法分别在线性连续升温和真空90℃恒温条件下研究了HATO与推进剂主要组分的相容性，结果见表4.2。一方面，这些方法主要限于两个单组分之间的相容性评判，而推进剂是一个复杂的多组分混合含能体系。另一方面，上述实验的条件与推进剂实际制备工艺条件还有较大差别。为了更加全面地考察HATO与推进剂多组分混合体系的相容性，在推进剂实际制备工艺条件下研究了HATO与推进药浆的相容性。

表 4.2 HATO 与推进剂药浆相容性实验结果

| 配 方 | 现 象 | 结 论 |
|---|---|---|
| HATO/ AP -丁羟复合推进剂 | 室温无明显变化，70℃正常固化 | 体系相容 |
| HATO/ RDX -复合改性双基推进剂 | 室温无明显变化，70℃正常固化 | 体系相容 |

HATO 和复合改性双基推进剂、丁羟复合推进剂药浆均可在 70℃正常固化，固化期间无变色、冒泡现象，样品断面无气孔，表明 HATO 与两种推进剂体系具有较好的相容性。

2. HATO 对推进剂性能的影响

(1)HATO 含量对推进剂能量性能的影响。为研究 HATO 对丁羟复合推进剂能量特性参数的影响，选择质量百分组成为“HTPB 10%、AP 84%、其他助剂 6%”的丁羟复合推进剂作为基础配方 B0。在 B0 配方的基础上，用 HATO 等量逐步取代配方中的 AP，计算推进剂能量参数，结果见表 4.3，参数变化趋势如图 4-8～图 4-11 所示。

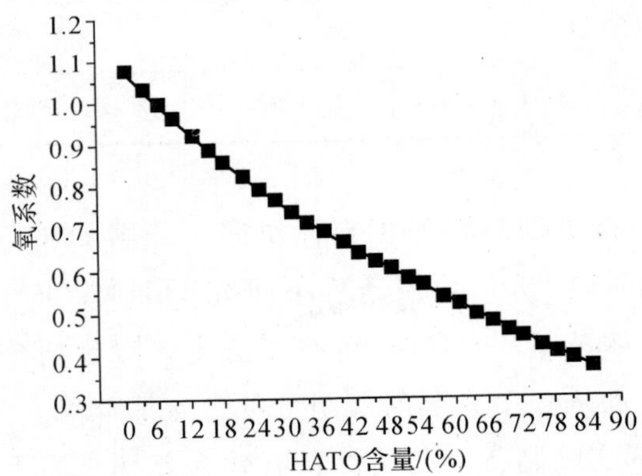


图 4-8 HATO 含量对氧系数的影响

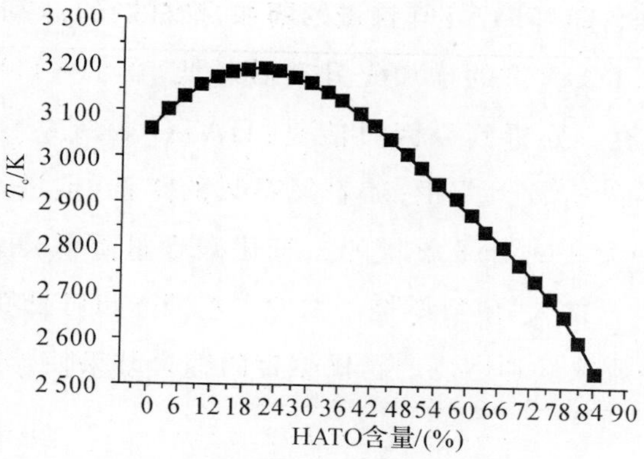


图 4-9　HATO 含量对燃温的影响

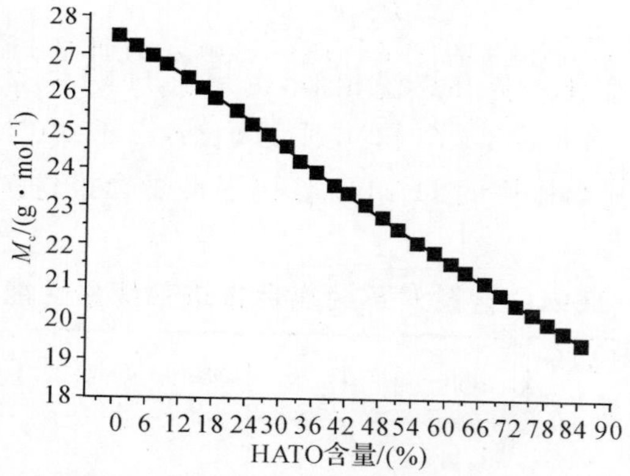


图 4-10　HATO 含量对燃烧产物平均相对分子质量的影响

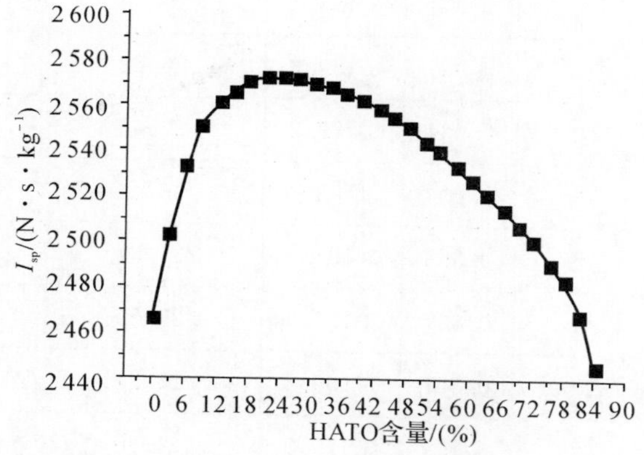


图 4-11　HATO 含量对比冲的影响

计算结果表明，随着 HATO 含量的增加，推进剂的 $\Phi$ 和 $M_c$ 均呈下降趋势，燃温随着 HATO 含量的增加先升高后降低，在 HATO 含量为 18%～21%时达到最大值。分析其原因可能是：HATO 的氧系数仅为 0.500，和 AP 的氧系数 2.667 有较大差距；随着氧系数的降低，推进剂的燃烧变得不完全，燃烧产物中大相对分子质量的二氧化碳含量降低，小分子量的氢气、水、一氧化碳的含量增大，使得燃烧产物的平均分子量降低明显；在氧系数为 0.8 左右时，燃烧放热量和燃烧产物比热容的综合结果使得推进剂的燃温达到最大值。

比冲和燃温、燃烧产物平均分子量之间的关系为

$$I_{sp} \propto \sqrt{\frac{T_c}{\overline{M}}} \tag{4-1}$$

可知，比冲的变化趋势和燃温相似，也是随 HATO 含量的增加先增大后减少，在 HATO 含量为 24%时，达到最大比冲 2 572.0 N·s·kg$^{-1}$。

综上可见，以适当比例的 HATO 替代丁羟复合推进剂中的 AP 可提高推进剂的比冲。

**表 4.3　HATO 含量对丁羟复合推进剂能量性能的影响**

| 序　号 | AP 含量/(%) | HATO 含量/(%) | $\Phi$ | $T_c$/K | $M_c$/(g·mol$^{-1}$) | $I_{sp}$/(N·s·kg$^{-1}$) |
|---|---|---|---|---|---|---|
| B0 | 84 | 0 | 1.081 | 3 065.1 | 27.50 | 2 466.7 |
| H1 | 81 | 3 | 1.042 | 3 103.4 | 27.25 | 2 502.3 |
| H2 | 78 | 6 | 1.004 | 3 134.7 | 26.99 | 2 532.6 |
| H3 | 75 | 9 | 0.968 | 3 159.2 | 26.72 | 2 550.8 |
| H4 | 72 | 12 | 0.934 | 3 177.2 | 26.43 | 2 560.5 |
| H5 | 69 | 15 | 0.900 | 3 188.8 | 26.14 | 2 566.3 |
| H6 | 66 | 18 | 0.868 | 3 194.5 | 25.84 | 2 569.8 |
| H7 | 63 | 21 | 0.837 | 3 194.5 | 25.53 | 2 571.5 |
| H8 | 60 | 24 | 0.807 | 3 189.2 | 25.21 | 2 572.0 |
| H9 | 57 | 27 | 0.779 | 3 179.0 | 24.90 | 2 571.4 |

续表

| 序 号 | AP含量/(%) | HATO含量/(%) | $\Phi$ | $T_c$/K | $M_c$/($g\cdot mol^{-1}$) | $I_{sp}$/($N\cdot s\cdot kg^{-1}$) |
|---|---|---|---|---|---|---|
| H10 | 54 | 30 | 0.751 | 3 164.6 | 24.58 | 2 570.1 |
| H11 | 51 | 33 | 0.724 | 3 146.3 | 24.26 | 2 568.0 |
| H12 | 48 | 36 | 0.698 | 3 124.8 | 23.94 | 2 565.3 |
| H13 | 45 | 39 | 0.673 | 3 100.4 | 23.62 | 2 562.1 |
| H14 | 42 | 42 | 0.649 | 3 073.6 | 23.31 | 2 558.3 |
| H15 | 39 | 45 | 0.626 | 3 044.7 | 23.00 | 2 554.2 |
| H16 | 36 | 48 | 0.603 | 3 014.1 | 22.70 | 2 549.6 |
| H17 | 33 | 51 | 0.581 | 2 982.1 | 22.40 | 2 544.5 |
| H18 | 30 | 54 | 0.560 | 2 949.0 | 22.10 | 2 539.1 |
| H19 | 27 | 57 | 0.539 | 2 914.8 | 21.81 | 2 533.3 |
| H20 | 24 | 60 | 0.519 | 2 879.9 | 21.53 | 2 527.2 |
| H21 | 21 | 63 | 0.499 | 2 844.3 | 21.25 | 2 520.7 |
| H22 | 18 | 66 | 0.480 | 2 808.2 | 20.98 | 2 513.8 |
| H23 | 15 | 69 | 0.462 | 2 771.6 | 20.72 | 2 506.6 |
| H24 | 12 | 72 | 0.444 | 2 734.7 | 20.46 | 2 499.0 |
| H25 | 9 | 75 | 0.427 | 2 697.6 | 20.20 | 2 491.1 |
| H26 | 6 | 78 | 0.410 | 2 660.3 | 19.95 | 2 482.9 |
| H27 | 3 | 81 | 0.393 | 2 605.1 | 19.69 | 2 468.3 |
| H28 | 0 | 84 | 0.377 | 2 533.5 | 19.44 | 2 443.8 |

(2) Al/AP/HATO 三组分对推进剂能量特性的影响。Al、AP和HATO的含量均对HATO/HTPB的能量特性有较大影响。为了直观揭示三组分的影响规律，绘制了复合推进剂组成-比冲三角图，如图4-12所示。图中数字为等比冲曲线，即一个比冲值由多种配方组成，可供选择，这为在保

证推进剂比冲条件的基础上满足其他性能提供了调节的可能性。

由图 4-12 可见，含 Al/AP/HATO 的丁羟复合推进剂的最大比冲可达 2 717 $N \cdot s \cdot kg^{-1}$。其中，最大比冲对应的部分推进剂配方组成见表 4.4。由表 4.4 可见，在 Al 含量为 15%～16%，AP 含量为 23.4%～28.2%，HATO 含量为 39.4%～45.4%时，氧系数为 0.421～0.444，该推进剂具有较高的比冲值。

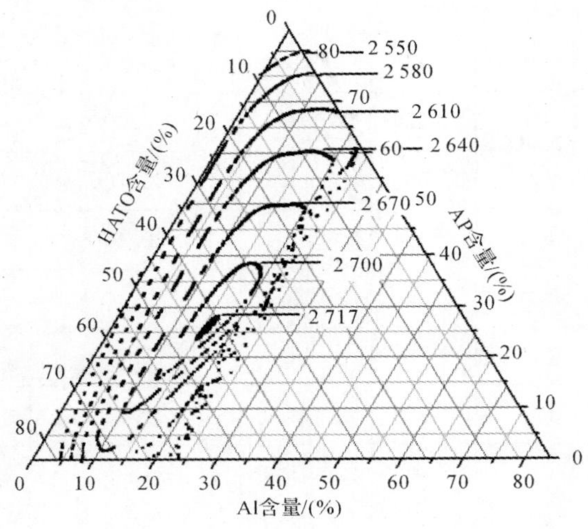


图 4-12　复合推进剂组成-比冲三角图

**表 4.4　比冲为 2 717 $N \cdot s \cdot kg^{-1}$ 的部分推进剂配方组成和氧系数**

| Al 含量/(%) | AP 含量/(%) | HATO 含量/(%) | HTPB 含量/(%) | 其他助剂/(%) | $\Phi$ |
|---|---|---|---|---|---|
| 15.0 | 23.6 | 45.4 | 10 | 6 | 0.424 |
| 15.0 | 23.8 | 45.2 | 10 | 6 | 0.425 |
| 15.0 | 24.0 | 45.0 | 10 | 6 | 0.426 |
| 15.0 | 24.2 | 44.8 | 10 | 6 | 0.427 |
| 15.0 | 25.0 | 44.0 | 10 | 6 | 0.432 |
| 15.2 | 23.4 | 45.4 | 10 | 6 | 0.421 |
| 15.2 | 23.6 | 45.2 | 10 | 6 | 0.423 |

续表

| Al含量/(%) | AP含量/(%) | HATO含量/(%) | HTPB含量/(%) | 其他助剂/(%) | $\Phi$ |
|---|---|---|---|---|---|
| 15.2 | 26.0 | 42.8 | 10 | 6 | 0.436 |
| 15.2 | 26.2 | 42.6 | 10 | 6 | 0.437 |
| 15.4 | 23.8 | 44.8 | 10 | 6 | 0.423 |
| 15.4 | 24.0 | 44.6 | 10 | 6 | 0.424 |
| 15.4 | 26.6 | 42.0 | 10 | 6 | 0.439 |
| 15.4 | 26.8 | 41.8 | 10 | 6 | 0.440 |
| 15.6 | 24.0 | 44.4 | 10 | 6 | 0.423 |
| 15.6 | 24.2 | 44.2 | 10 | 6 | 0.424 |
| 15.6 | 27.2 | 41.2 | 10 | 6 | 0.441 |
| 15.6 | 27.4 | 41.0 | 10 | 6 | 0.442 |
| 15.8 | 24.6 | 43.6 | 10 | 6 | 0.425 |
| 15.8 | 24.8 | 43.4 | 10 | 6 | 0.426 |
| 15.8 | 27.6 | 40.6 | 10 | 6 | 0.442 |
| 15.8 | 27.8 | 40.4 | 10 | 6 | 0.443 |
| 16.0 | 25.0 | 43.0 | 10 | 6 | 0.426 |
| 16.0 | 25.2 | 42.8 | 10 | 6 | 0.427 |
| 16.0 | 28.0 | 40.0 | 10 | 6 | 0.443 |
| 16.0 | 28.2 | 39.8 | 10 | 6 | 0.444 |
| 16.2 | 25.6 | 42.2 | 10 | 6 | 0.428 |
| 16.2 | 25.8 | 42.0 | 10 | 6 | 0.429 |
| 16.2 | 28.0 | 39.8 | 10 | 6 | 0.442 |
| 16.2 | 28.2 | 39.6 | 10 | 6 | 0.443 |
| 16.4 | 26.4 | 41.2 | 10 | 6 | 0.432 |

续表

| Al含量/(%) | AP含量/(%) | HATO含量/(%) | HTPB含量/(%) | 其他助剂/(%) | $\Phi$ |
|---|---|---|---|---|---|
| 16.4 | 26.6 | 41.0 | 10 | 6 | 0.433 |
| 16.4 | 28.0 | 39.6 | 10 | 6 | 0.441 |
| 16.4 | 28.2 | 39.4 | 10 | 6 | 0.442 |
| 16.6 | 27.6 | 39.8 | 10 | 6 | 0.437 |

(3)HATO对推进剂爆热的影响。推进剂的爆热是表征推进剂燃烧时放出化学潜能多少的标志,通常推进剂的爆热愈大,意味着它燃烧时放出的能量愈大,所以爆热是衡量推进剂的能量性能的重要参数之一。爆热测定值见表4.5。

**表4.5 含HATO、RDX的丁羟复合推进剂爆热**

| 配方号 | $Q_v/(kJ \cdot kg^{-1})$ | $T_c/K$ | $M_c/(g \cdot mol^{-1})$ | $C^*/(m \cdot s^{-1})$ | $I_{sp}/(N \cdot s \cdot kg^{-1})$ |
|---|---|---|---|---|---|
| RDX-PB | 4 621 | 3 381.9 | 27.21 | 1 597.6 | 2 602.4 |
| HATO-PB | 4 343 | 3 363.9 | 26.46 | 1 612.8 | 2 617.2 |

由表4.5可以看出,含20%HATO的丁羟复合推进剂的爆热较含20% RDX的丁羟复合推进剂的爆热低278 $kJ \cdot kg^{-1}$,表明HATO燃烧放热小于RDX,该结果和理论计算中含HATO推进剂的燃温较低相一致。

(4)HATO对推进剂燃烧性能的影响。推进剂的燃烧性能是指推进剂燃烧速度的规律性和燃烧过程(内弹道性能)的稳定性。燃烧性能参数是表征燃烧过程稳定性的数量界限,当这些参数在某一范围内时,推进剂装药在火箭发动机中燃烧所产生的P-t与R-t曲线能符合设计要求。这些参数通常包括燃速(线燃烧速度和质量燃烧速度)、燃速压力指数、燃速温度系数和压力温度系数等。

测定了含HATO和RDX的丁羟复合推进剂配方的线燃烧速度和燃烧压力指数,结果见表4.6,变化趋势如图4-13所示。由表4.6中结果可知,在

2～22 MPa 的压强范围内，RDX－PB 的燃速介于 12.68 ～23.89 mm·$s^{-1}$，随着压强的增大而变大。HATO－PB 具有相似的变化趋势，但在相同压强条件下，HATO－PB 燃速均大于 RDX－PB，在 22 MPa 时，燃速提高了 7.62 mm·$s^{-1}$，效果明显。

与 RDX－PB 配方的燃烧压力指数相比较，HATO－PB 配方在 2～5 MPa 压强范围内的压力指数降低，在 5～15 MPa 压强范围的压力指数略有升高，在 15～22 MPa 压强范围的压力指数升高明显，表明在较高压强条件下，HATO 和 AP 之间存在较为复杂的相互作用。

**表 4.6　推进剂的燃速和燃烧压力指数**

| 配方号 | 燃速 $u$/(mm·$s^{-1}$) | | | | | | 压力指数 $n$ | | |
|---|---|---|---|---|---|---|---|---|---|
| | 2 MPa | 5 MPa | 10 MPa | 15 MPa | 20 MPa | 22 MPa | 2～5 MPa | 5～15 MPa | 15～22 MPa |
| RDX－PB | 12.68 | 16.92 | 19.44 | 20.72 | 23.33 | 23.89 | 0.315 | 0.184 | 0.372 |
| HATO－PB | 14.39 | 18.69 | 21.51 | 23.87 | 28.99 | 31.51 | 0.285 | 0.223 | 0.725 |

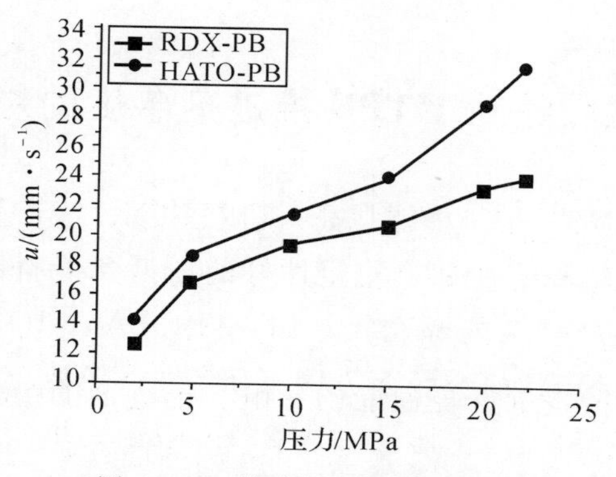


图 4－13　推进剂的线燃烧速度

(5)HATO 对推进剂感度的影响。推进剂中同时具备化学反应所需要的氧化元素和还原元素，当具备化学变化所必须的激发能量时，就可能发生自动进行的激烈的化学变化——燃烧或爆轰。推进剂在生产、贮存、运输和使用过程中，不可避免地要受到热、摩擦、撞击和静电火花等的作用，这种能量作用的大小和推进剂对外界激发能量的敏感程度对其安全性具有重要的意义，因此对 RDX－PB 和 HATO－PB 配方的撞击感度、摩擦感度和真空安定性进行了研究。

采用火药方法测定了两种推进剂配方样品的特性落高和摩擦爆炸概率，结果见表 4.7。由表 4.7 中结果可知，含 20%HATO 的 HATO－PB 推进剂的特性落高值为 102.3 cm，较 RDX－PB 提高了 17.2 cm，撞击感度降低；摩擦爆炸概率为 84%，较 RDX－PB 降低了 8%，摩擦感度降低。可见，以 HATO 替代 RDX 用于丁羟复合推进剂配方中，有助于降低推进剂的机械感度。

为了考察两种推进剂配方的真空安定性能，在 90℃条件下恒温加热 48 h，测定 RDX－PB 和 HATO－PB 推进剂配方的气体放出量分别为 0.14 mL·$g^{-1}$和 0.29 mL·$g^{-1}$，含 HATO 的推进剂配方的真空放气量略有增加，但均在安全要求范围内。

**表 4.7　推进剂的机械感度和真空放气量**

| 配方号 | $H_{50}$/cm | $P_f$/(%) | 放气量/(mL·$g^{-1}$) |
|---|---|---|---|
| RDX－PB | 85.1 | 96 | 0.14 |
| HATO－PB | 102.3 | 84 | 0.29 |

## 4.1.2　二硝酰胺铵对 HTPB 推进剂感度的影响

ADN(二硝酰胺铵)是一种能量高、机械感度低(冲击感度为 3.7 J、摩擦感度为 353N)、化学稳定性和热稳定性好的新型含能材料。近年来西方国家开展了 ADN 在新型含能黏合剂(如 GAP、BAMMO /AMMO、NMMO 以及 PGN 等)中的应用研究。西方国家研究的 GAP /ADN /Al 基推进剂兼具高能和不敏感特性，理论比冲可达 275 s 以上；并且该推进剂危险等级为 1.3 级，感度明显优于同能量水平的复合固体推进剂。目前，ADN 推进剂面临的主要问题是如何改善 ADN 的吸湿性。

## 4.1.3　1,1－二氨基－2,2－二硝基乙烯对 HTPB 推进剂感度的影响

1,1－二氨基－2,2－二硝基乙烯化合物(FOX－7)是一种高能低感度炸

药，其能量密度与 RDX 相当，但 FOX－7 的撞击感度和摩擦感度均低于 RDX 和 HMX。此外，FOX－7 的热稳定性也好于 RDX 和 HMX。航天四十二所陈中娥等将 FOX－7 引入到 HTPB 推进剂中，在不影响推进剂能量的前提下，不同程度地降低了推进剂的机械感度和静电火花感度。

## 4.2 GAP 基推进剂不敏感化设计

叠氮聚合物具有机械敏感度低、热稳定性能好以及与固体推进剂主要组分相容性好等特性，作为固体推进剂的含能黏合剂，受到了国内外普遍关注。其中以聚叠氮缩水甘油醚(GAP)为基的不敏感推进剂的研究取得了很大进展，美、日、德等国在此方面均开展了大量的研究。

### 4.2.1 GAP 推进剂的发展及降感机理

端羟基缩水甘油叠氮聚醚(GAP)的合成始于 1976 年，此项目由美国空军资助，并成功研制出了高燃速少烟 GAP 推进剂。

美国的 GAP 推进剂主要用作低特征信号推进剂、富燃料含硼推进剂等；日本主要关注 GAP 无烟推进剂配方，以及降低 $T_g$ 及实现不敏感的研究；而其他国家在 GAP 高能推进剂方面，重点关注 GAP 不敏感高能推进剂，尤其法、德两国在这方面做了不少研究工作，也进入了工程研究阶段。法国 SNPE 公司的 GAP 不敏感高能推进剂包括无烟推进剂与含 Al 推进剂。

国内在 GAP 高能推进剂研究方面，主要思路是用 GAP 代替高能硝酸酯增塑聚醚(NEPE)推进剂中的惰性黏合剂 PEG。通过优化配方，最终获得了比冲为 260 s 的高能推进剂。

GAP 具有生成焓高、密度大、燃气无腐蚀性、特征信号低和燃温低等突出优点，被认为是高能、不敏感和低特征信号推进剂的理想黏合剂。GAP 热分解 DTA 曲线上有一主放热峰，温度范围为 202～277℃，峰温为 247℃；TG 曲线上有一个两级的失重过程，第一级对应于 DTA 测试观察到的放热反应，约 40%的失重发生在 202～277℃间的第一级；第二级在 277℃以上发生非常慢的气化反应，没有热生成。GAP 基推进剂主要是用 GAP 代替复合固体推进剂中的惰性黏合剂，以减少复合推进剂中高能、高感度组分的含量，从而在提高推进剂能量水平的同时降低其感度。

## 4.2.2 GAP 基不敏感推进剂基础配方设计

叠氮推进剂能量特性研究利用最小自由能法研究了推进剂配方中增塑剂、增塑比，以及 Al、HMX、AP 含量对推进剂能量性能的影响。

1. 增塑剂组分和含量对推进剂能量性能的影响

固定 GAP 推进剂中液体组分的质量分数为 30%，调节增塑剂[NG、BTTN、TEGDN 和 DIANP(1,5-二叠氮基-3-硝基氮杂戊烷)]的质量分数，同时降低推进剂中 GAP 的含量，研究了增塑剂组分及含量对推进剂的理论能量性能(10 MPa 下的理论比冲 Isp)的影响，结果如图 4-14 所示。由图 4-14可看出：NG 与 BTTN 的质量分数小于 4%时，推进剂 10 MPa 下的 $I_{sp}$ 随增塑剂含量增加而略有降低；NG 与 BTTN 的质量分数大于 4%时，推进剂的 $I_{sp}$ 随增塑剂含量增加而显著增加。这可能是由于 NG 和 BTTN 为富氧物质，其富氧量分别为 35.2 g/kg、33.6 g/kg。NG 和 BTTN 含量增加促进推进剂的燃烧，同时 NG 和 BTTN 能量较高(10 MPa 下 NG 和 BTTN 的单元比冲分别为5 134.78 N·s/kg 和 5 055.18N·s/kg)。当 NG 与 BTTN 含量增加，会显著增加推进剂体系能量，使推进剂的 $I_{sp}$ 升高；而其含量较低时(质量分数小于 4%)，推进剂含氧量不足，燃烧不完全，使推进剂的 $I_{sp}$ 略有降低。含 TEGDN 与 DIANP 的推进剂能量明显低于含 NG、BTTN 的推进剂。

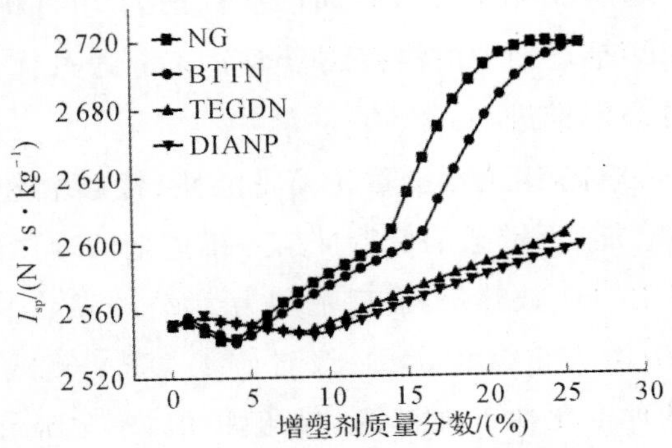


图 4-14 增塑剂种类及含量对 GAP 基推进剂比冲的影响

2. 增塑比对推进剂能量性能的影响

增塑比是指推进剂中增塑剂与黏合剂的质量比,固定 GAP 推进剂中液体组分的质量分数为 30%,调节增塑比(0.5、0.8、1.0、1.2、1.5、2.0、2.2、5.0),研究了增塑比对推进剂 10 MPa 下理论比冲 $I_{sp}$ 的影响,如图 4-15 所示。可看出,推进剂 10 MPa 下的 $I_{sp}$ 随增塑比增加而显著增加,当增塑比达到 2.0 左右时 $I_{sp}$ 变化趋缓。

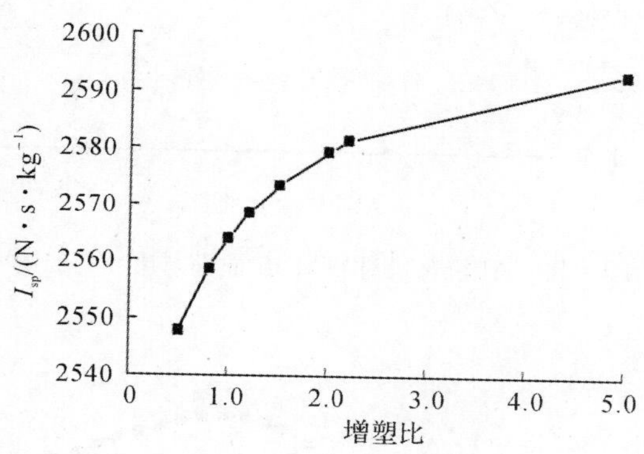


图 4-15 增塑比对 GAP 基推进剂比冲的影响

3. Al 粉含量对推进剂能量性能的影响

固定 GAP 推进剂中液体组分的质量分数为 30%,调节 Al 粉质量分数,同时降低推进剂中 HMX 与 AP 的含量,研究了 Al 粉含量对 GAP 推进剂 10 MPa下的理论比冲 $I_{sp}$ 的影响,结果如图 4-16 所示。由图 4-16 可看出:Al 粉质量分数为 3%~18%时,推进剂 10 MPa 下的 $I_{sp}$ 随 Al 粉含量的提高而显著增大;Al 粉质量分数高于 18%时,推进剂的 $I_{sp}$ 逐渐减小。在氧化剂 AP 和 HMX 的作用下,强还原性的 Al 粉发生充分的氧化反应,并释放出大量的热,使推进剂的比冲随 Al 粉含量的提高而增大;当 Al 粉含量过高时,其在推进剂中燃烧不完全,推进剂能量不能完全释放,比冲逐渐降低。

4. AP 与 HMX 含量对推进剂能量性能的影响

固定 GAP 推进剂中液体组分的质量分数为 30.0%,固定 Al 粉含量,调节 AP 的质量分数,同时降低推进剂中 HMX 的含量,研究了 AP 含量对推进剂 10 MPa 下的理论比冲 $I_{sp}$ 的影响,结果如图 4-17 所示。可看出:AP 质量分数为0～30%时，推进剂10 MPa下的$I_{sp}$随AP含量的提高而显著增大；AP质量分数高于30%时，推进剂的$I_{sp}$逐渐减小。这可能是AP与HMX共同作用的结果。

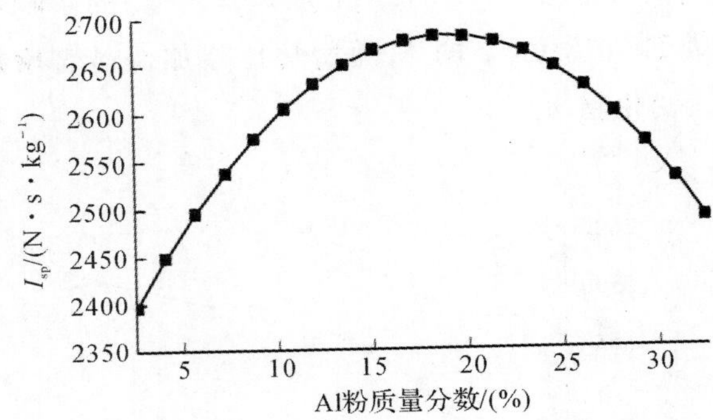


图4-16 Al粉含量对GAP基推进剂比冲的影响

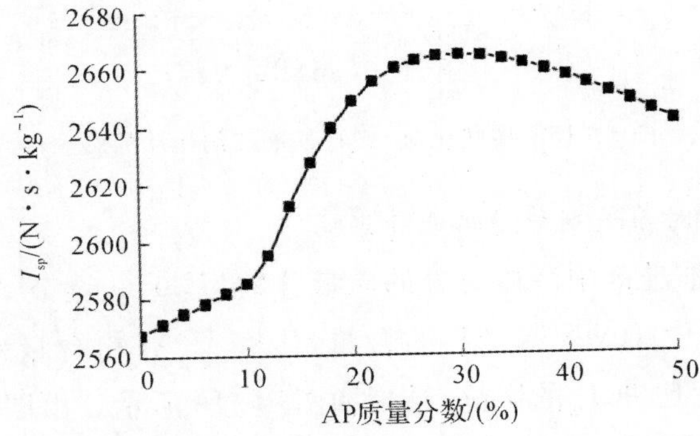


图4-17 AP含量对GAP基推进剂比冲的影响

## 4.2.3 GAP推进剂的不敏感特性

在推进剂的各种组分中，影响安全性能的主要为氧化剂、含能增塑剂。因此，分别研究了RDX(黑索今)、HMX(奥克托今)、AP(高氯酸铵)、NG(硝化甘油)、TMETN(季戊三醇三硝酸酯)、BTTN(丁三醇三硝酸酯)、TEGDN(硝化三乙二醇)对推进剂撞击击感度($H_{50}$)的影响规律，得出其理论$H_{50}$值

分别为 24.5 cm、26.6 cm、26.3 cm、15.4 cm、40.1 cm、58.2 cm、100.5 cm。

1.含能增塑剂对推进剂感度特性的影响

分别以混合硝酸酯 NG/TMETN、NG/BTTN、NG/TEGDN 为液体组分，固定其在 GAP 推进剂配方中的质量分数为 30%，研究不同混合硝酸酯配比对推进剂冲击感度的影响，结果如图 4-18 所示。由图 4-18 可看出，随着液体组分中 NG 含量的增大，特性落高减小，即冲击感度增大。在相同 NG 含量时，添加 TEGDN 的推进剂特性落高最大，添加 TMETN 的推进剂特性落高最小。该结果与推进剂单一组分特性落高的数据有相同的规律，这表明在增塑剂中加入低感度硝酸酯可明显降低推进剂的冲击感度，且以 TEGDN 为增塑剂的推进剂感度最低。

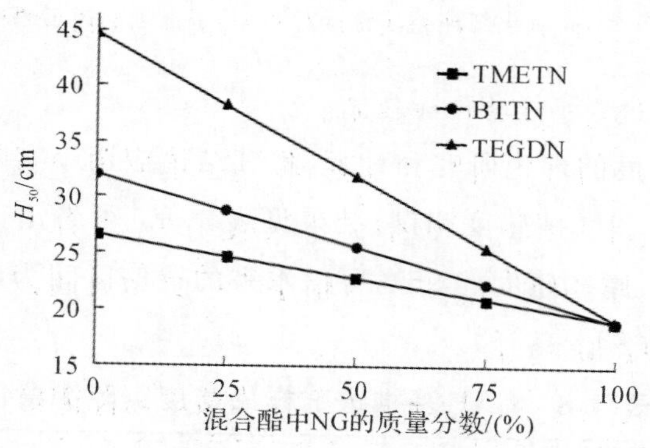


图 4-18 不同增塑剂对 GAP 基推进剂撞击感度的影响

因此，在保持硝酸酯一定能量水平的情况下，采用硝化甘油/低感度硝酸酯的混合体系（甚至直接采用纯低感度硝酸酯）可有效降低推进剂的冲击感度和摩擦感度，提高硝酸酯的安全性能。上述研究表明，可采用添加低感度硝酸酯来有效降低硝酸酯（尤其是硝化甘油）的机械感度。

2.氧化剂含量对推进剂感度特性的影响

氧化剂在推进剂中占有较大比例，主要提供推进剂燃烧所需的氧，起调节燃速和模量的作用。固定 GAP 推进剂配方中含能增塑剂的质量分数为 30%，分别以 RDX、HMX、AP 为氧化剂，研究不同氧化剂的含量对推进剂冲击感度的影响，结果如图 4-19 所示。由图 4-19 中可看出，随着氧化剂含量的增加，推进剂的感度也增加，且 RDX、HMX、AP 三种单体含量相同时推进剂冲击感度也相近。需要说明的是,在这一计算过程中只考虑了固体颗粒间的物理作用对推进剂安全性能的影响,没有考查颗粒的本质安全性,因此该结果只能起到定性的预示作用。

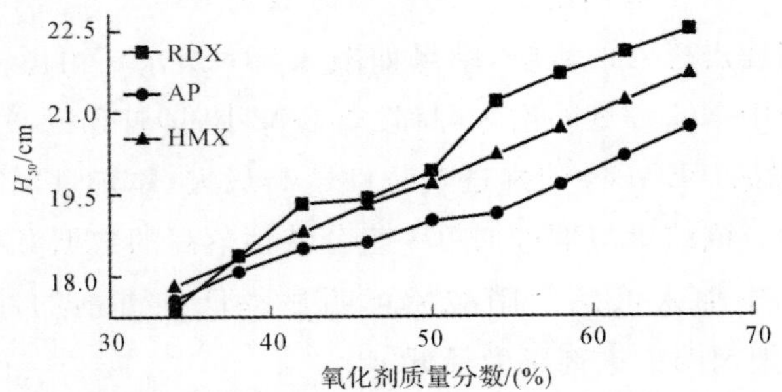


图 4-19 不同氧化剂种类基含量对 GAP 基推进剂撞击感度的影响

3. GAP 基推进剂感度特性的验证

根据以上感度的理论研究和计算,将其结论应用于实际配方中,制得样品进行冲击感度和摩擦感度测试,结果见表 4.8。可看出,测试样品的冲击感度为 79.4 cm、摩擦感度的 95%置信水平的置信区间为(0%,14%),冲击感度大于 50 cm(2 kg 落锤)。

**表 4.8 GAP 基推进剂样品感度实际测量值**

| 测定项目 | 测定标准 | 实验条件 | 结 果 |
|---|---|---|---|
| 冲击感度 | GJB 772A－1997 方法 601.2 | 落锤 2 kg,药量 30 mg | 79.4 cm |
| 摩擦感度 | GJB 772A－1997 方法 602.1 | 表压 2.45 MPa,摆角 66°,药量 20 mg | 95% 置信水平的置信区间 (0%,14%) |

## 4.3 HTPE 推进剂的降感

HTPE 是一种以聚乙二醇和聚四氢呋喃为嵌段共聚物的黏合剂,其在硝酸酯中的溶解性好,具有良好的不敏感特性,是目前可通过七项易损性试验(快烤、慢烤、子弹撞击、热碎片、射流、殉爆和破片)的不敏感推进剂之一。

HTPE推进剂可满足不同尺寸、复杂药型的发动机装药，目前已成为固体推进剂发展的重点方向之一。

但HTPE不敏感推进剂的研究仍需解决以下几个方面的问题：HTPE推进剂中不敏感组分的加入使推进剂的能量有所降低，能量与感度的矛盾需综合平衡考虑，以进一步提高不敏感推进剂的能量水平；HTPE推进剂不敏感化不是单一因素所致，其不敏感黏合剂、不敏感增塑剂、不敏感填料以及不敏感复合材料应配合使用，以达到较好的不敏感效果，目前HTPE推进剂感度的影响规律研究尚不系统全面；HTPE不敏感推进剂中各个组分的结构与感度之间的内在关系和各组分间相互作用及其不敏感机理尚不清楚，推进剂不敏感化仍需进行大量试验探索，盲目性较大，急需针对HTPE推进剂组分的不敏感机理进行深入研究。

### 4.3.1 HTPE推进剂感度机理研究

影响推进剂感度的因素很多，感度不仅与推进剂本身的结构和物理、化学性质有关，而且还与推进剂的物理状态、装药条件等因素有关。从理论上建立感度与推进剂组分和分子结构之间的关系，可阐明推进剂感度大小的引发机理，揭示影响感度的关键因素，实现对感度的调控，指导新型推进剂的设计和开发。研究推进剂感度与分子结构的关系是当前推进剂研究者的重要目标和重点课题。

自20世纪70年代末，人们依据构效关系模型及其主要建模参数，相继提出以下撞击感度判据：氧平衡、激发态电荷梯度、最小键级、静电势、活化能、键离解能和化学位移等。除早期的氧平衡判据外，其他感度判据均为量子化学参数，并且主要针对撞击感度。研究人员发现，对于大多数硝基化合物，在热、撞击、冲击波和电火花刺激下，$C-NO_2$，$N-NO_2$，N－NO，和$O-NO_2$键以均裂为主，这些键是分子中最弱的，其断裂是很多爆炸反应的第一步反应，被定义为“引发键”。March等运用密度泛函理论计算，阐明化学键的离解能与相应静电势之间存在着关联。Politzer等进一步证明，$C-NO_2$键中点的静电势极值与$C-NO_2$键的离解能之间成一种近似的反比关系，因此$C-NO_2$键中点的静电势可以表征$C-NO_2$键的强度，进而确定相应硝基

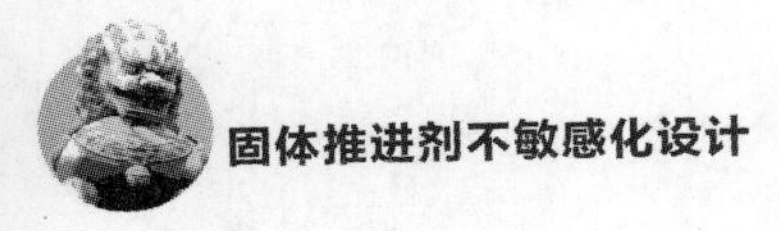



化合物的感度。

通过分子动力学模拟研究 HTPE 推进剂组分之间的相互作用与感度的关系，分析分子间作用力各分量分布特点，计算最大断裂键长并以此作为感度判别的参数之一，建立组分与感度之间的关联。同时，以 HTPE 推进剂组分间热分解相互作用和热分解动力学，对推进剂感度机理进行试验验证研究，以期对 HTPE 推进剂的感度理论进行探索。

#### 4.3.1.1 HTPE 体系分子模拟方法

采用美国 Accelrys 公司开发的 Materials Studio 8.0 软件。物理建模：Visualizer 模块和 Amorphous Cell 模块；MD 模拟：Forcit 模块；能量优化：Smart Minimizer 方法；力场：COMPASS 力场；边界条件：周期性边界条件，即以立方元胞为中心，周围有 26 个相邻的镜像立方元胞；分子起始速度：Maxwell－Boltzmann 随机分布给定，Velocity Verlet 算法进行求解；分子间作用力：Atom－based 方法（范德华力）和 Ewald 方法（静电作用力）；非键截取半径：0.95 nm；样条宽度：0.1 nm；缓冲宽度：0.05 nm。

采用 Amorphous cell 模块建立混合模型，采用 Smart minimization 对以上无定形模型进行 5 000 步能量最小化优化，优化过程采用 convergence level of medium。接着，采用 Forcit 模块，在系综为 NPT 系综以及 298 K、101.325 kPa 条件下，进行 400 ps 的分子动力学平衡，以获得平衡密度，时间步长为 1 fs。

#### 4.3.1.2 试验部分

(1) 推进剂样品制备。推进剂样品均采用淤浆浇铸工艺制备。将 HTPE、HMX、NG/BTTN、催化剂等推进剂各组分在 2 L 立式捏合机中混合 1 h 左右，出料后经 50℃ 固化 7 d，退模。

(2) 测试仪器及试验方法。

TG－DTG：TA2850 型热失重分析仪（美国）；气氛，动态氮气，流量为 100.0 mL · $min^{-1}$；试样量：1.5～2.5 mg；升温速率：10℃ · $min^{-1}$（除特殊说明外）。

DSC：NETZSCH DSC204 型（德国）；气氛，静态氮气，压强为 0.1 MPa；

试样量：1.0～2.0 mg；升温速率：10℃ · $min^{-1}$（除特殊说明外）。

#### 4.3.1.3 HTPE与增塑剂分子间相互作用模拟研究

HTPE推进剂的黏合剂/增塑剂体系是保证推进剂力学性能的基础，是决定HTPE推进剂综合性能和成型工艺特性的关键因素。同时，HTPE黏合剂还可有效改善推进剂的安全性能。目前研究者针对HTPE弹性体的力学性能及HTPE推进剂的性能开展了相关的研究，但由于试验尺度限制，对于黏合剂与增塑剂之间相互作用的细节等理论机理方面，缺乏更为深入的了解。

目前，新型含能材料的应用研究大多通过大量的配方试验实测材料性能并加以筛选，试验量大，研究周期较长，占用大量的时间、人力、物力和财力，同时增大了研究过程的安全风险。

分子动力学模拟（Molecular Dynamics simulation，MD）方法是近年来兴起的一种计算机辅助的微尺度数值模拟方法，在试验基础上，通过基本原理构筑相应模型，建立对应的方程，通过合适的算法对方程求解，从原子水平计算出合理的分子结构与分子行为，进而模拟分子体系的各种物理化学性质。分子动力学模拟不仅可以模拟分子的静态结构，也可以模拟分子体系的动态行为，弥补了试验手段的不足，同时可获得试验方法无法测量的数据，模拟现代物理试验方法还无法考察的物理现象和物理过程，以便研究者在分子水平上研究材料的微观结构并揭示组分之间的关系。分子动力学模拟方法用于新型火炸药品种的体系设计和性能预测，能够大幅度缩短研究周期，有效降低成本，提高研究过程的安全性，对新材料的设计、应用有着极为重要的作用。

对HTPE推进剂机械感度和热感度等的研究表明，含能增塑剂是影响HTPE推进剂感度的主要因素。采用分子模拟软件Materials Studio 8.0，从分子混溶性、力学性能分子模拟、分子间作用力等方面对HTPE黏合剂/增塑剂体系进行分子模拟研究，研究分子模拟与固体推进剂感度的相关性，为HTPE推进剂的感度理论提供支持。

1. HTPE分子建模过程

依据HTPE分子结构式，用Materials Studio 8.0软件的Visualizer模

块，建立相应的分子物理模型。再选用 COMPASS（Condernsed - phase Optimized Molecular Potentials for Atomistic Simulation Studies）力场，利用 Smart Minimizer 方法对其进行几何构型优化。HTPE 黏合剂链采用重复单元以随机共聚的方式构建，分子结构单元见表 4.9，相对分子质量为 3 000。HTPE 分子物理模型如图 4 - 20 所示，推进剂常用增塑剂 NG、BTTN、BDNPA、BDNPF 分子模型如图 4 - 21 所示。根据各原子的力场，将 HTPE 中的氢原子设为 $H_1$，HTPE 中连接碳原子的氧原子设为 $O_{2E}$，增塑剂硝基中的氮原子设为 $N_{3O}$，硝基中的氧原子设为 $O_{1N}$，增塑剂中连接碳原子与硝基的氧原子设为 $O_{CN}$，增塑剂中连接碳链的氧原子设为 $O_{2C}$，增塑剂中连接硝基与碳链的氮原子设为 $N_3$。

**表 4.9　黏合剂预聚物的分子结构单元**

| 预聚物 | 结构 |
|---|---|
| HTPE | H–O–[CH₂CH₂CH₂CH₂]$_m$–[O–CH₂CH₂]$_n$–O–H |

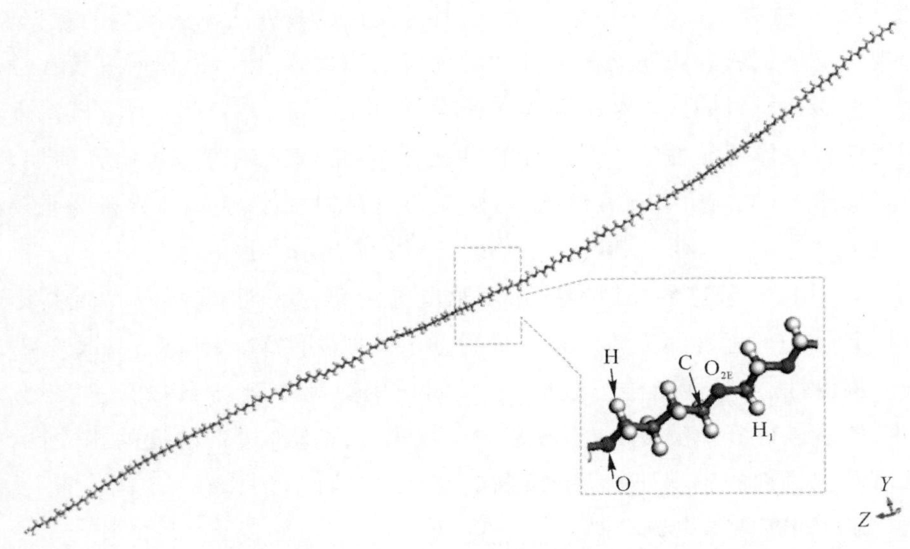


图 4 - 20　HTPE 分子物理模型

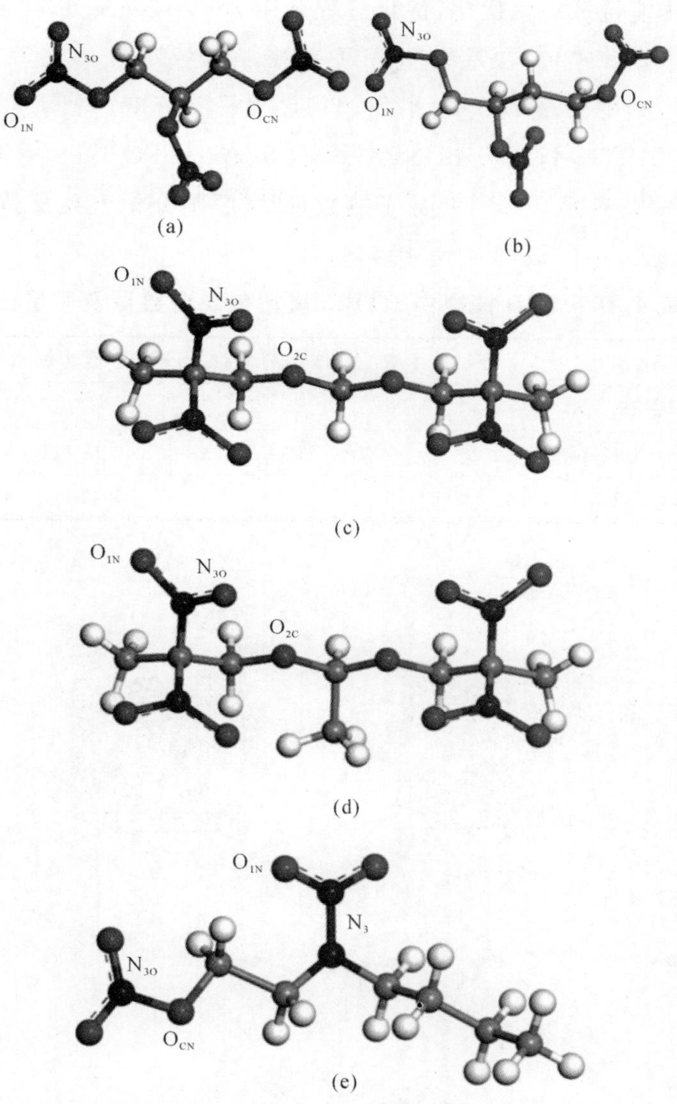


图 4-21 NG、BTTN、BDNPA、BDNPF,Bu-NENA 分子模型
(a)NG; (b)BTTN; (c)BDNPF; (d)BDNPA; (e)Bu-NENA

采用 Amorphous cell 模块建立 HTPE/NG/BTTN、HTPE/BDNPA/BDNPF 和 HTPE/Bu-NENA 的混合模型,质量比分别接近于 50∶25∶25、50∶25∶25 和 50∶50。之后,采用 Smart minimization 对以上无定形模型

进行 5000 步能量最小化优化，优化过程采用 convergence level of medium。接着，采用 Forcit 模块，在系综为 NPT 系综，以及 298 K、101.325 kPa 条件下，进行 400 ps 的分子动力学平衡，以获得平衡密度，时间步长为 1 fs。HTPE/NG/BTTN、HTPE/BDNPA/BDNPF 和 HTPE/Bu-NENA 的混合模型如图 4-22 所示。HTPE 分子链数量、增塑剂分子个数及黏合剂/增塑剂质量比见表 4.10 所示。

**表 4.10　MD 模拟中 HTPE/增塑剂混合数量及质量比**

| 样　品 | 分子链个数 | 增塑剂个数 | HTPE/增塑剂相对分子质量比 |
|---|---|---|---|
| HTPE/NG/BTTN | 4 | 26∶26 | 12 000∶12 168 |
| HTPE/BDNPA/BDNPF | 4 | 19∶19 | 12 000∶12 160 |
| HTPE/Bu-NENA | 4 | 58 | 12 000∶12 006 |

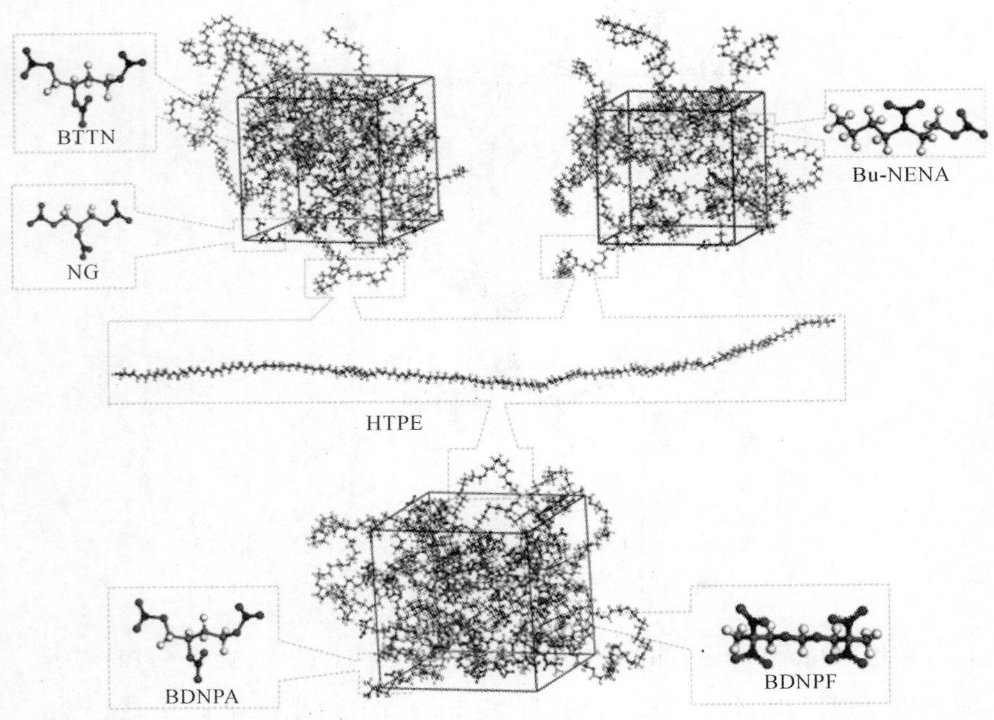


图 4-22　HTPE/NG/BTTN、HTPE/BDNPA/BDNPF 和 HTPE/Bu-NENA 的混合模型

2. HTPE与增塑剂的溶度参数计算

HTPE与增塑剂的溶度参数是反映HTPE黏合剂与增塑剂分子间作用力的一种方法。若其溶度参数差值($\Delta\delta$)满足 $\Delta\delta < 1.3 \sim 2.1\ (\mathrm{J \cdot cm^{-3}})^{0.5}$，则可判定两种材料混溶性良好。

根据HTPE/NG/BTTN、HTPE/BDNPA/BDNPF和HTPE/Bu-NENA的混合模型，采用MD分子模拟，计算了HTPE与含能增塑剂的溶度参数，并与HTPB黏合剂进行对比，结果见表4.11。

**表4.11 分子动力学计算HTPE及含能增塑剂溶度参数**

| 样 品 | HTPE | HTPB | NG/BTTN | BDNPA/BDNPF | Bu-NENA |
|---|---|---|---|---|---|
| $\delta_{MD}/(\mathrm{J \cdot cm^{-3}})^{0.5}$ | 19.034 | 17.06 | 21.106 | 19.886 | 19.687 |
| $\Delta\delta_{HTPE}/(\mathrm{J \cdot cm^{-3}})^{0.5}$ | — | — | 2.072 | 0.852 | 0.653 |
| $\Delta\delta_{HTPB}/(\mathrm{J \cdot cm^{-3}})^{0.5}$ | — | — | 4.046 | 2.826 | 2.627 |

由表4.11可知，HTPE与含能增塑剂的溶度参数之差均小于 $2.1\ (\mathrm{J \cdot cm^{-3}})^{0.5}$，而HTPB与含能增塑剂的溶度参数之差均大于 $2.1\ (\mathrm{J \cdot cm^{-3}})^{0.5}$，可见，HTPE与以上含能增塑剂的混溶性良好，而HTPB与含能增塑剂的混溶性较差。含能增塑剂与HTPE的溶度参数从大到小依次为Bu-NENA＞BDNPA/BDNPF＞NG/BTTN。

3. HTPE与增塑剂体系弹性常数模拟

弹性常数是反映黏合剂与增塑剂之间分子间相互作用各向异性的参数。根据弹性体的统计力学原理，胡克定律通常可写为。

$$\begin{bmatrix} \sigma_x \\ \sigma_y \\ \sigma_z \\ \tau_{yz} \\ \tau_{xz} \\ \tau_{xy} \end{bmatrix} = \begin{bmatrix} C_{11} & C_{12} & C_{13} & C_{14} & C_{15} & C_{16} \\ C_{21} & C_{22} & C_{23} & C_{24} & C_{25} & C_{26} \\ C_{31} & C_{32} & C_{33} & C_{34} & C_{35} & C_{36} \\ C_{41} & C_{42} & C_{43} & C_{44} & C_{45} & C_{46} \\ C_{51} & C_{52} & C_{53} & C_{54} & C_{55} & C_{56} \\ C_{61} & C_{62} & C_{63} & C_{64} & C_{65} & C_{66} \end{bmatrix} \begin{bmatrix} \varepsilon_x \\ \varepsilon_y \\ \varepsilon_z \\ \gamma_{yz} \\ \gamma_{xz} \\ \gamma_{xy} \end{bmatrix} \tag{4-3}$$

在各向同性体系中，具有两个独立的弹性常数，$C_{11}$ 和 $C_{12}$。使 $C_{12}=\lambda$，$C_{11}-C_{12}=\mu$，$[C_{ij}]$ 写成：

$$[C_{ij}]=\begin{bmatrix}\lambda+2\mu & \lambda & \lambda & 0 & 0 & 0\\ \lambda & \lambda+2\mu & \lambda & 0 & 0 & 0\\ \lambda & \lambda & \lambda+2\mu & 0 & 0 & 0\\ 0 & 0 & 0 & \mu & 0 & 0\\ 0 & 0 & 0 & 0 & \mu & 0\\ 0 & 0 & 0 & 0 & 0 & \mu\end{bmatrix} \tag{4-4}$$

式中，$\lambda$和$\mu$为常数。拉伸模量($E$)、剪切模量($G$)、体积模量($K$)和泊松比($\nu$)如下式：

$$E=\frac{\mu(3\lambda+2\mu)}{\lambda+\mu} \tag{4-5}$$

$$G=\mu \tag{4-6}$$

$$K=\lambda+\frac{2}{3\mu} \tag{4-7}$$

$$\nu=\frac{\lambda}{2(\lambda+\mu)} \tag{4-8}$$

HTPE与增塑剂混合物的弹性常数和各向同性的力学性能的计算值见表4.12。

**表4.12 HTPE与增塑剂混合物的弹性常数和力学性能**

| 常数/GPa | HTPE | HTPE/NG/BTTN | HTPE/BDNPA/BDNPF | HTPE/Bu-NENA |
|---|---|---|---|---|
| $C_{11}$ | 0.344 | 2.592 | 2.103 | 1.283 |
| $C_{22}$ | −0.461 2 | −4.93 | 3.939 | 2.252 |
| $C_{33}$ | 0.111 | −5.7 | 2.626 | 1.682 |
| $C_{44}$ | −1.933 | −2.08 | 1.017 | 1.099 |
| $C_{55}$ | 0.868 | −0.936 2 | 1.29 | 0.564 |
| $C_{66}$ | 1.911 | −0.959 1 | 0.601 9 | 0.832 |
| $C_{12}$ | 1.191 | 1.444 | 1.279 | 1.177 |
| $C_{13}$ | −1.317 | 0.908 2 | 0.902 6 | 1.023 |
| $E$ | 2.720 | 2.415 | 2.392 | 2.083 |

续表

| 常数/GPa | HTPE | HTPE/NG/BTTN | HTPE/BDNPA/BDNPF | HTPE/Bu - NENA |
|---|---|---|---|---|
| $K$ | 1.709 | 1.537 7 | 1.449 | 0.835 |
| $G$ | 1.531 | 1.606 | 0.930 4 | 0.828 |
| $\nu$ | 0.999 | 0.248 5 | 0.259 4 | 0.284 |
| $C_{12}-C_{44}$ | 3.124 | 3.524 | 0.262 | 0.078 |

由表4.12可以看出，HTPE/Bu - NENA和纯HTPE的弹性常数比HTPE/NG/BTTN和HTPE/BDNPA/BDNPF混合体系的弹性常数更为接近。弹性常数的变化趋势证明Bu - NENA比NG/BTTN和BDNPA/BDNPF更能降低HTPE黏合剂的各向异性。相比于纯HTPE，HTPE/增塑剂共混体系的拉伸模量、剪切模量和体积模量均有所降低，这表明增塑剂可降低HTPE的刚性并增加其韧性。以上几种含能增塑剂可改善HTPE体系的弹性常数。

4. HTPE与增塑剂体系结合能模拟

结合能是复合体系各组分之间相互作用的重要特征参数。相互作用能可以由体系的混合总能量和各组分的单点能来评估。HTPE黏合剂和含能增塑剂的结合能可以表示为

$$E_{\text{binding}}=-E_{\text{inter}}=-(E_{\text{HTPE/plasticizer}}-E_{\text{HTPE}}-E_{\text{plasticizer}}) \qquad (4-9)$$

式中，$E_{\text{HTPE/plasticizer}}$为HTPE和增塑剂混合体系的总能量，$E_{\text{HTPE}}$为HTPE的单点能，$E_{\text{plasticizer}}$为增塑剂的单点能。

HTPE与含能增塑剂的结合能见表4.13。

**表4.13 HTPE与含能增塑剂之间的结合能(kcal · mol$^{-1}$)**

| 样　品 | $E_{\text{HTPE/plasticizer}}$ | $E_{\text{HTPE}}$ | $E_{\text{plasticizer}}$ | $E_{\text{binding}}$ |
|---|---|---|---|---|
| HTPE/Bu - NENA | −2 930.718 | 439.417 | −2 260.919 | 1 109.216 |
| HTPE/BDNPA/BDNPF | −2 432.799 | 460.942 6 | −1 848.649 | 1 045.092 6 |
| HTPE/NG/BTTN | −1 362.935 | 325.344 | −948.674 | 739.605 |

从表 4.13 可看出，结合能的大小顺序为 Bu－NENA＞BDNPA/BDNPF＞NG/BTTN。可见 HTPE 与 Bu－NENA 的相互作用比其他体系大。

5. HTPE 与增塑剂体系径向分布函数模拟

径向分布函数（RDF）为某一特定原子附近另外一种原子出现的概率。从径向分布函数的峰值位置可以判断相互作用的类型，而相互作用力的值可以从峰的高度进行推断。HTPE 黏合剂与增塑剂之间的径向分布函数如图 4－23～图 4－25 所示。

由图可知，峰值为 0.26 nm，$g(r)=0.80$ 处为 HTPE 黏合剂端羟基的氢原子与 NG/BTTN 硝基的氧原子的相互作用峰；HTPE 黏合剂端羟基的氢原子与 NG/BTTN 硝基的氮原子的相互作用峰为 0.34 nm，$g(r)=0.93$；HTPE 黏合剂端羟基的氢原子与 NG/BTTN 中与硝基相连的氧原子无相互作用峰；HTPE 黏合剂碳链上的氧原子与 NG/BTTN 硝基的氮原子的相互作用峰为 0.49 nm，$g(r)=1.31$。由 RDF 曲线可知，$H_1$ 与 $O_{1N}$ 之间相互作用为氢键，$H_1$ 与 $O_{CN}$ 之间无相互作用，$H_1$ 与 $N_{3O}$ 之间、$O_{2E}$ 与 $N_{3O}$ 之间为范德华力。HTPE 黏合剂碳链上的氧原子与 NG/BTTN 硝基的氮原子之间具有强烈的相互作用。

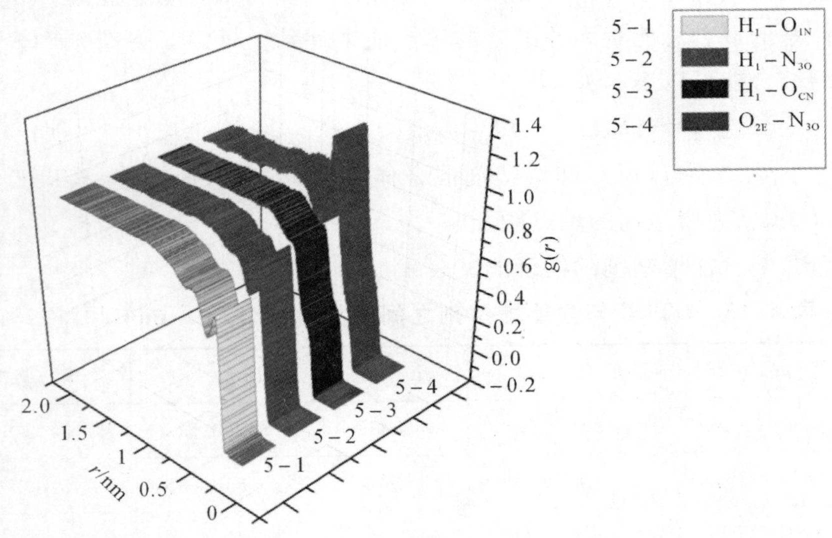


图 4－23　HTPE 与 NG/BTTN 不同原子之间的径向分布函数

由图 4－25 可知，峰值为 0.27 nm，$g(r)=0.68$ 处的尖峰为 HTPE 黏合剂的 $H_1$ 原子与 BDNPA/BDNPF 的 $O_{1N}$ 的相互作用峰；HTPE 黏合剂的 $H_1$ 原子与 BDNPA/BDNPF 的 $N_{3O}$ 原子的相互作用峰为 0.37 nm，$g(r)=0.74$；HTPE 黏合剂的 $H_1$ 原子与 BDNPA/BDNPF 中的 $O_{2C}$ 原子无相互作用峰；HTPE 黏合剂 $O_{2E}$ 原子与 BDNPA/BDNPF 的 $N_{3O}$ 原子的相互作用峰为 0.49 nm，$g(r)=1.31$。由 RDF 曲线可知，$H_1$ 与 $O_{1N}$ 之间相互作用为氢键，$H_1$ 与 $O_{CN}$ 之间无相互作用，$H_1$ 与 $N_{3O}$ 之间，$O_{2E}$ 与 $N_{3O}$ 之间为范德华力。HTPE 黏合剂碳链上的氧原子与 BDNPA/BDNPF 硝基的氮原子之间具有强烈的相互作用。

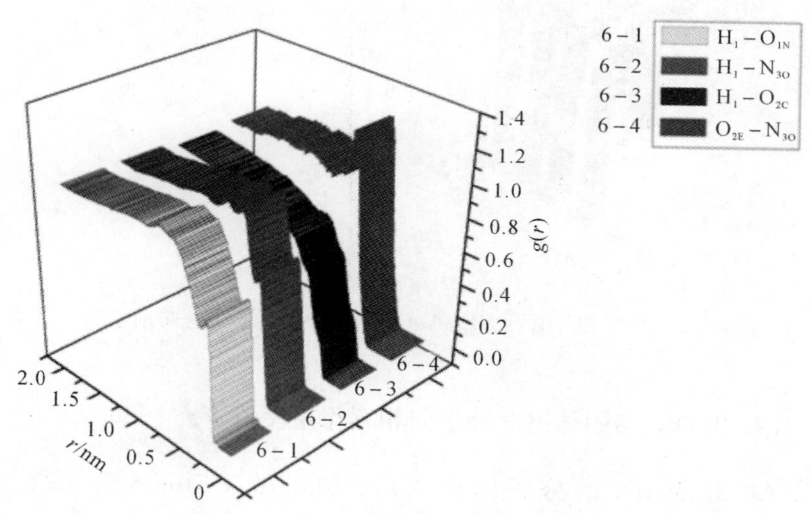


图 4－24　HTPE 与 BDNPA/BDNPF 不同原子之间的径向分布函数

由图 4－24 可知，峰值为 0.29 nm，$g(r)=0.69$ 处的尖峰为 HTPE 黏合剂的 $H_1$ 原子与 Bu－NENA 的 $O_{1N}$ 的相互作用峰；HTPE 黏合剂的 $H_1$ 原子与 Bu－NENA 的 $N_{3O}$ 原子的相互作用峰为 0.35 nm，$g(r)=0.80$；HTPE 黏合剂的 $H_1$ 原子与Bu－NENA的 $O_{CN}$ 原子的相互作用峰为 0.46 nm，$g(r)=0.94$；HTPE 黏合剂的 $H_1$ 原子与 Bu－NENA 中的 $N_3$ 原子无相互作用峰；HTPE 黏合剂 $O_{2E}$ 原子与 Bu－NENA 的 $N_{3O}$ 原子的相互作用峰为 0.50 nm，$g(r)=1.20$。由 RDF 曲线可知，$H_1$ 与 $O_{1N}$ 之间相互作用为氢键，$H_1$ 与 $O_{2C}$ 之间

无相互作用，$H_1$ 与 $O_{CN}$ 之间、$H_1$ 与 $N_{3O}$、$O_{2E}$ 与 $N_{3O}$ 之间为范德华力。HTPE 黏合剂碳链上的氧原子与 Bu－NENA 硝基的氮原子之间具有强烈的相互作用。

由以上研究可知，HTPE 黏合剂与以上含能增塑剂之间的作用力主要为范德华力，而 HTPE 黏合剂碳链上的氧原子与含能增塑剂硝基的氮原子之间具有强烈的相互作用。

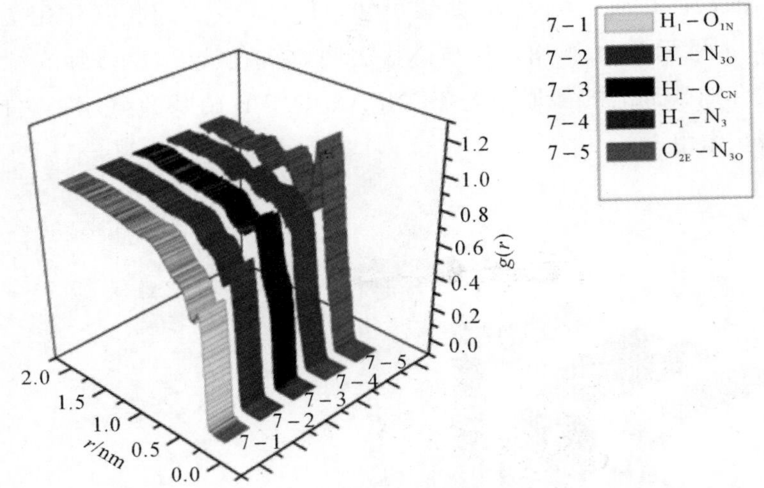


图 4－25　HTPE 与 Bu－NENA 不同原子之间的径向分布函数

#### 4.3.1.4　HTPE 与固体组分分子间相互作用模拟研究

依据 AP 和 HMX 的分子结构式，用 Materials Studio 8.0 软件的 Visualizer 模块，建立相应的分子物理模型，如图 4－26 和图 4－27 所示。选用 COMPASS 力场，利用 Smart Minimizer 方法对其进行几何构型优化，建立 AP 和 HMX 的晶体结构，如图 4－28 和图 4－29 所示。

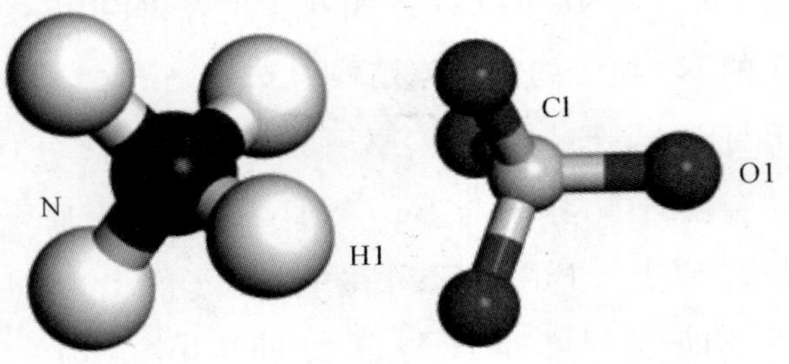


图 4－26　AP 的分子结构

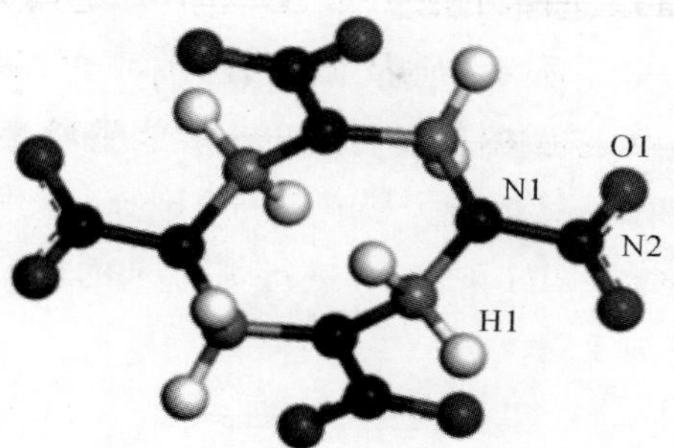


图 4-27 HMX 分子结构

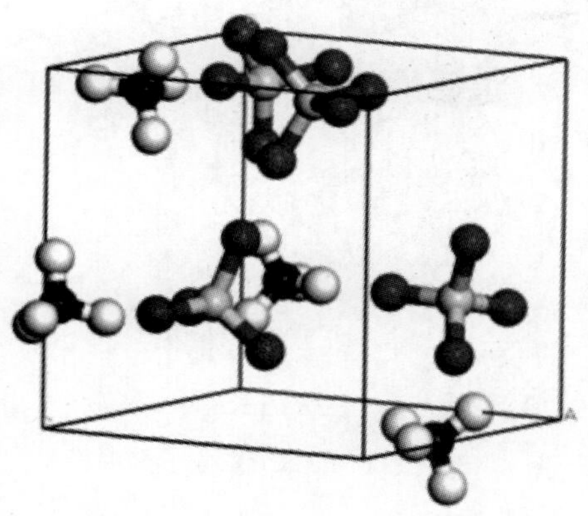

图 4-28 AP 晶体结构

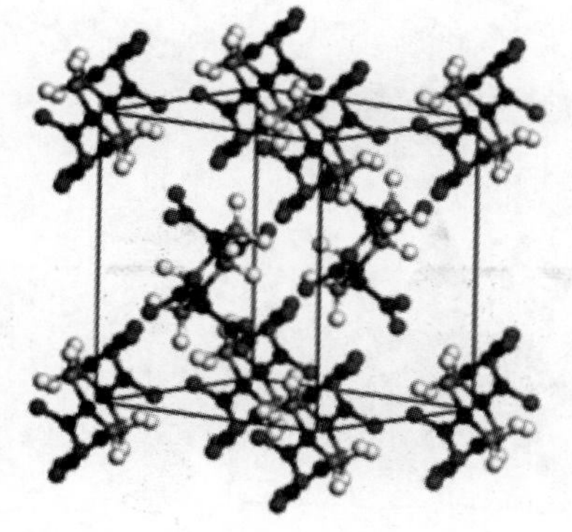

图 4-29 HMX 晶体结构

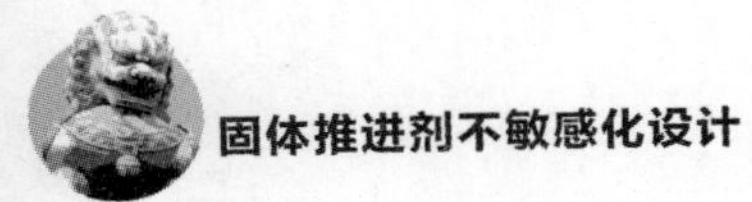


采用 Amorphous cell 模块建立 HTPE/HMX、HTPE/AP 的混合模型，如图 4 - 30 和图 4 - 31 所示，质量比接近于 50∶50。之后，采用 Smart minimization 对以上无定形模型进行 5 000 步能量最小化优化，优化过程采用 convergence level of medium。接着，采用 Forcit 模块，在系综为 NPT 系综，以及 298 K、101.325 kPa 条件下，进行 400 ps 的分子动力学平衡，以获得平衡密度，时间步长为 1 fs。

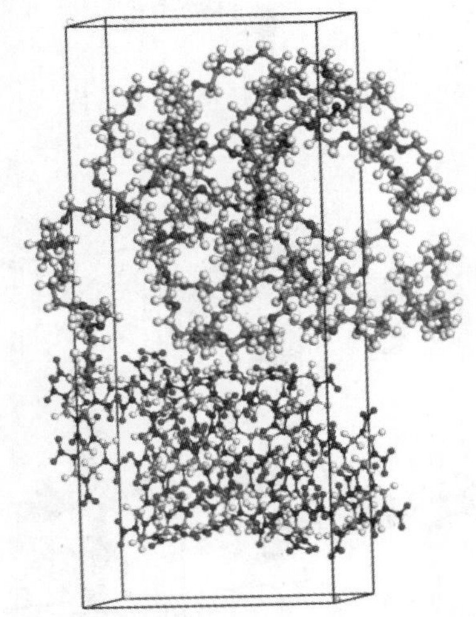

图 4 - 30　HTPE/HMX 分子共混模型

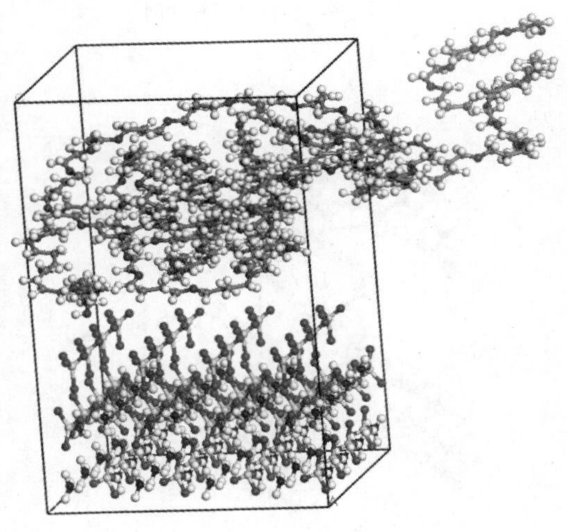

图 4 - 31　HTPE/AP 分子共混模型

1. HTPE与固体组分弹性常数模拟

HTPE与固体组分的弹性常数和各向同性的力学性能的计算值见表4.14。

**表4.14 HTPE与增塑剂混合物的弹性常数和力学性能**

| 常数/GPa | HTPE | HTPE/HMX | HTPE/AP |
|---|---|---|---|
| $C_{11}$ | 0.344 | 0.643 4 | −1.258 4 |
| $C_{22}$ | −0.461 2 | 3.142 6 | 1.020 2 |
| $C_{33}$ | 0.111 | 8.489 8 | 1.555 8 |
| $C_{44}$ | −1.933 | 1.401 5 | −0.193 1 |
| $C_{55}$ | 0.868 | 1.378 2 | −0.034 8 |
| $C_{66}$ | 1.911 | 0.193 8 | −0.201 5 |
| $C_{12}$ | 1.191 | −0.519 0 | −0.899 7 |
| $C_{13}$ | −1.317 | 3.431 7 | −0.981 6 |
| $C_{23}$ | −2.212 | 3.301 3 | −1.766 2 |
| $E$ | 2.720 | 3.684 3 | 2.824 2 |
| $K$ | 1.709 | 2.744 9 | 1.917 6 |
| $G$ | 1.531 | 0.998 8 | 0.245 1 |
| $\nu$ | 0.798 | 0.613 1 | 0.781 6 |
| $C_{12}-C_{44}$ | 3.124 | 2.277 | −1.065 3 |

由表4.14可以看出，HTPE/HMX的拉伸模量和体积模量相比HTPE有明显增加，而HTPE/AP的拉伸模量和体积模量相比HTPE提高较小。可见，HMX对提高HTPE弹性常数的效果更为显著。

2. HTPE与固体组分结合能模拟

HTPE黏合剂和固体组分的结合能可以由下式表示。

$$E_{\text{binding}}=-E_{\text{inter}}=-(E_{\text{HTPE/solid}}-E_{\text{HTPE}}-E_{\text{solid}}) \tag{4-10}$$

式中，$E_{\text{HTPE/solid}}$为HTPE和固体组分混合体系的总能量，$E_{\text{HTPE}}$为HTPE的

单点能，$E_{solid}$为固体组分的单点能。

HTPE与固体组分的结合能见表4.15。

**表4.15　HTPE与固体组分之间的结合能(kcal·mol$^{-1}$)**

| 样　品 | $E_{HTPE/solid}$ | $E_{HTPE}$ | $E_{solid}$ | $E_{binding}$ |
|---|---|---|---|---|
| HTPE/HMX | −5 644.78 | −23.057 | −5 551.1 | 70.669 |
| HTPE/AP | −10 627.112 | −802.117 | −9 759.701 | 65.294 |

从表4.15可看出，结合能HMX＞AP，可见HMX与HTPE的相互作用比AP与HTPE相互作用强。

3. HTPE与固体组分径向分布函数模拟

HTPE黏合剂与AP之间的径向分布函数如图4－32和图4－33所示。

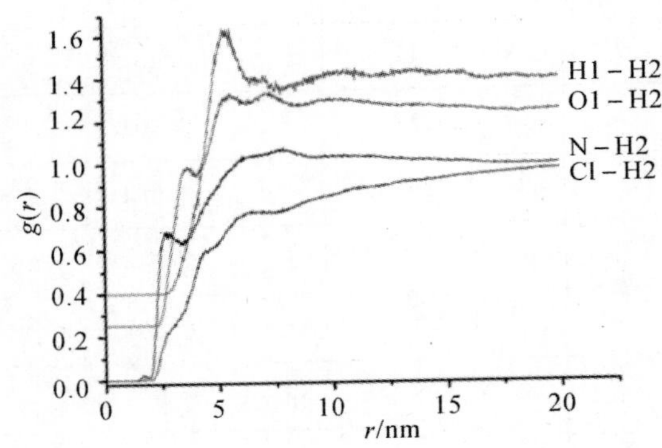


图4－32　HTPE的H原子与AP不同原子之间的径向分布函数

由图4－32可知：峰值为5 nm、$g(r)=1.6$处为HTPE黏合剂端羟基的氢原子与AP氨基的氢原子的相互作用峰；HTPE黏合剂端羟基的氢原子与AP氨基的氮原子的相互作用峰为2.6 nm，$g(r)=0.68$；HTPE黏合剂端羟基的氢原子与AP中的氯原子无相互作用峰；HTPE黏合剂端羟基的氢原子与AP中的氧原子的相互作用峰为3 nm，$g(r)=1.0$。HTPE黏合剂上的氢原子与AP氨基的氢原子之间具有强烈的相互作用。

由图4－32可知，峰值为0.46 nm、$g(r)=1.7$处为HTPE黏合剂的氧

原子与AP氨基的氢原子的相互作用峰，其相互作用为范德华力；HTPE黏合剂的氧原子与AP氨基的氮原子的相互作用峰为0.38 nm，$g(r)=1.1$，其相互作用为范德华力；HTPE黏合剂的氧原子与AP中的氯原子的相互作用峰为0.25 nm，$g(r)=0.75$，其相互作用为氢键；HTPE黏合剂的氧原子与AP中的氧原子的相互作用峰为0.48 nm，$g(r)=1.5$，其相互作用为范德华力。HTPE黏合剂上的氧原子与AP氨基的氢原子之间具有强烈的相互作用。

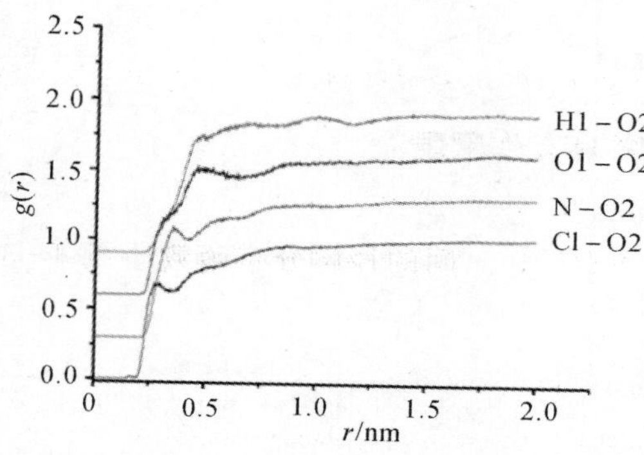


图4-33　HTPE的O原子与AP不同原子之间的径向分布函数

HTPE黏合剂与HMX之间的径向分布函数如图4-34和图4-35。

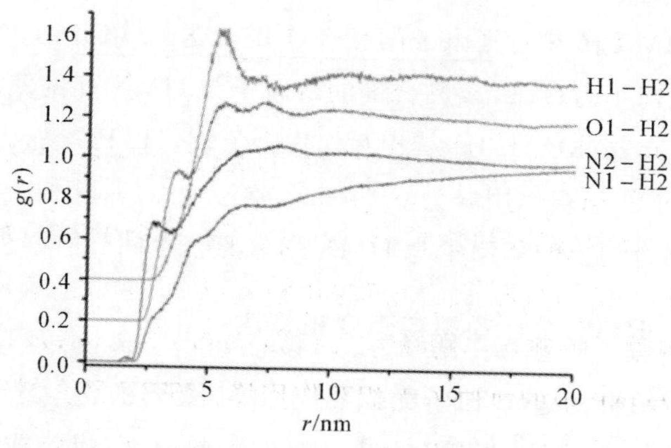


图4-34　HTPE的H原子与HMX不同原子之间的径向分布函数

由图4-34可知，峰值为5.1 nm、g(r)=1.62处为HTPE黏合剂端羟基的氢原子与 HMX 的氢原子的相互作用峰；HTPE 黏合剂端羟基的氢原子与 HMX 硝基的氮原子的相互作用峰为 2.5 nm，$g(r)=0.7$；HTPE 黏合剂端羟基的氢原子与 HMX 环的氮原子无相互作用峰；HTPE 黏合剂端羟基的氢原子与 HMX 中的氧原子的相互作用峰为 3.1 nm，$g(r)=0.9$。HTPE 黏合剂上的氢原子与 HMX 的氢原子之间具有强烈的相互作用。

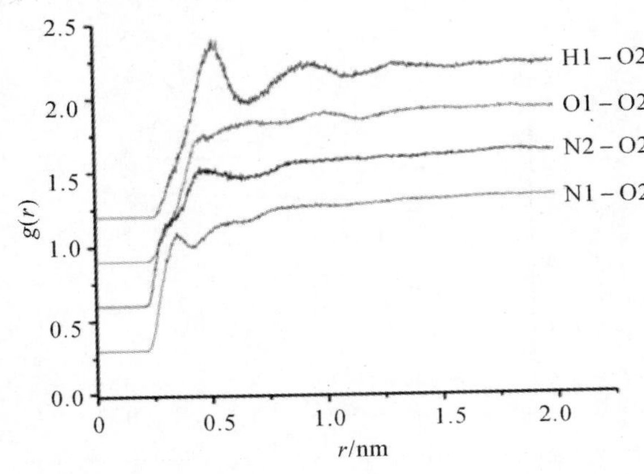


图 4-35　HTPE 的 O 原子与 HMX 不同原子之间的径向分布函数

由图 4-35 可知，峰值为 0.5 nm、$g(r)=2.4$ 处为 HTPE 黏合剂的氧原子与 HMX 的氢原子的相互作用峰，其相互作用为范德华力；HTPE 黏合剂的氧原子与 HMX 硝基的氮原子的相互作用峰为 0.48 nm，$g(r)=1.49$，其相互作用为范德华力；HTPE 黏合剂的氧原子与 HMX 环的氮原子的相互作用峰为 0.28 nm，$g(r)=1.15$，其相互作用为氢键；HTPE 黏合剂的氧原子与 AP 中的氧原子的相互作用峰为 0.47 nm，$g(r)=1.75$，其相互作用为范德华力。HTPE 黏合剂上的氧原子与 HMX 的氢原子之间具有强烈的相互作用。

#### 4.3.1.5　HTPE 分子模拟与感度相关性

含能材料的引发键(triggerbond)是分子中最弱的化学键，在外界热、机械等刺激下将首先断裂，进而引发含能材料的热分解、燃烧或爆炸。研究表明，引发键的键级或键的电子聚集数可用于判别含能材料的撞击感度。理论和实践均已证实，$N-NO_2$ 键是硝基化合物等含能材料的热解和起爆的引发

键。经典MD模拟虽不能给出体系的电子结构，却可以给出其统计平均的几何结构。考察其他组分对含能材料组分结构和性质的影响，有助于探索分子模拟与推进剂之间的感度相关性。

1. HTPE对固体组分键长分布的影响

考察由于HTPE与固体组分的相互作用而引起的$N-NO_2$键长变化，以期可以对分子动力学模拟与感度结果的相关性进行探索。HTPE/AP的Cl—O最大断裂键长如图4-36所示，HTPE/AP的N—H最大断裂键长如图4-37所示，其平均键长和最大断裂键长见表4.16。

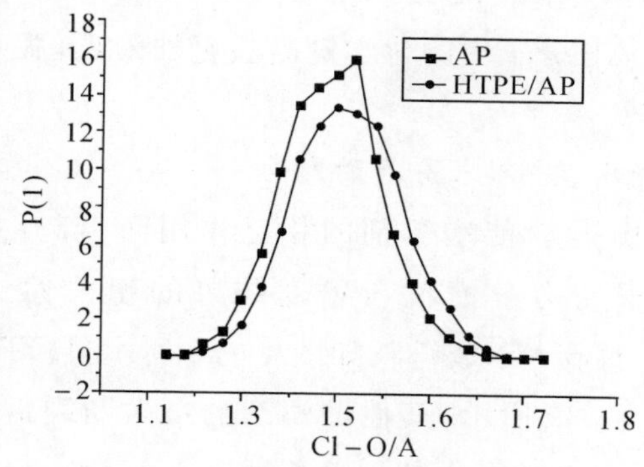


图4-36 AP和HTPE/AP中Cl—O的键长分布

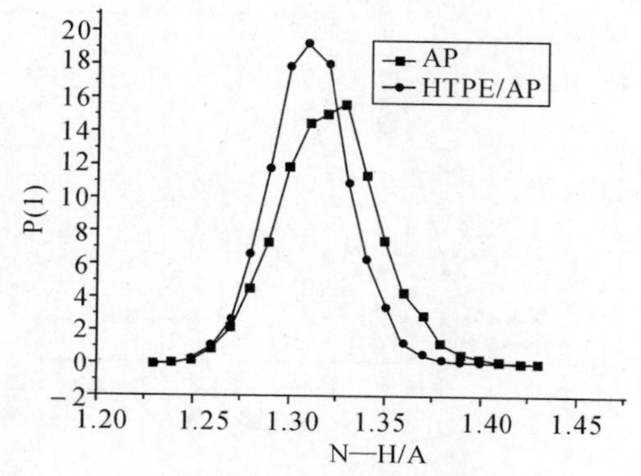


图4-37 AP和HTPE/AP中N—H的键长分布

**表 4.16　AP 和 HTPE/AP 中平均键长和最大断裂键长(Å)**

| 样　品 | AP(Cl—O) | HTPE/AP(Cl—O) | AP(N—H) | HTPE/AP (N—H) |
|---|---|---|---|---|
| $L_{N-NO_2}$ | 1.51 | 1.48 | 1.32 | 1.30 |
| $L_{max}$ | 1.53 | 1.50 | 1.33 | 1.31 |

由以上研究可知，AP 的 Cl—O 最大断裂键长和 N—H 最大断裂键长均大于 HTPE/AP 的最大断裂键长。可见，HTPE 的加入增加了其与 AP 之间的分子间作用力，AP 分子中的化学键断裂更加困难，从而使 AP 分子更加稳定，感度降低。

2. HTPE 对含能增塑剂键长分布的影响

考察由于 HTPE 与含能增塑剂的相互作用而引起的 N—$NO_2$键长变化，以期可以对分子动力学模拟与感度结果的相关性进行探索。其中，HTPE/NG/BTTN 的最大断裂键长如图 4-38 所示，HTPE/Bu-NENA 的最大断裂键长如图 4-39 所示，其他增塑剂的最大断裂键长与 HTPE/Bu-NENA 相近，其 N—$NO_2$的最大断裂键长见表 4.17 和表 4.18。

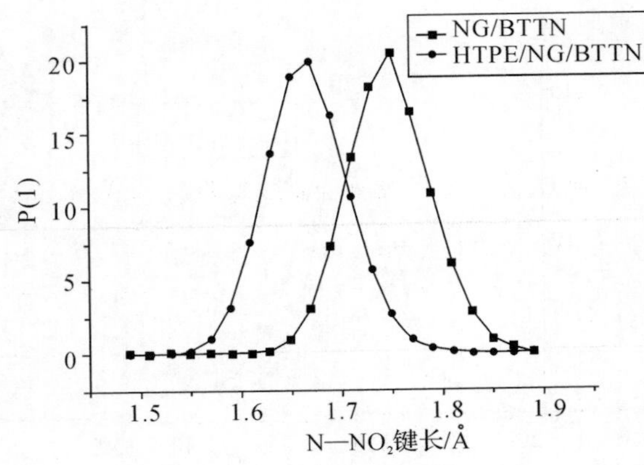


图 4-38　NG/BTTN 与 HTPE/NG/BTTN 的 N—$NO_2$ 键长分布

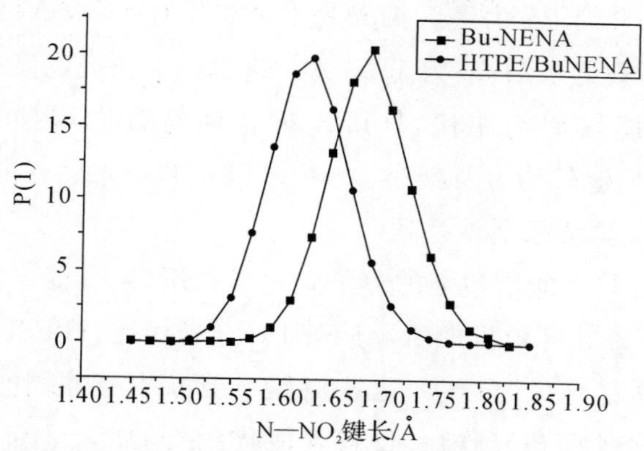


图 4-39 Bu-NENA 与 HTPE/Bu-NENA 的 $N-NO_2$ 键长分布

研究可知，$N-NO_2$ 键长呈高斯分布，其平均键长约为 1.38 Å。该最可几值对应于 N－N 伸缩振动的平衡位置。偏离平衡点的拉伸和收缩可使 $N-NO_2$ 键长变长或变短。分子动力学模拟能提供该键易断裂时的平均键长（$L_{N-NO_2}$）和最大键长（$L_{max}$），有利于揭示 HTPE 推进剂分子动力学模拟与感度的相关性。

**表 4.17 含能增塑剂的平均键长和最大断裂键长(Å)**

| 样　品 | NG/BTTN | BDNPA/BDNPF | Bu-NENA |
|---|---|---|---|
| $L_{N-NO_2}$ | 1.71 | 1.53 | 1.49 |
| $L_{max}$ | 1.75 | 1.69 | 1.62 |

**表 4.18 HTPE 与含能增塑剂之间的平均键长和最大断裂键长(Å)**

| 样　品 | HTPE/NG/BTTN | HTPE/BDNPA/BDNPF | HTPE/Bu-NENA |
|---|---|---|---|
| $L_{N-NO_2}$ | 1.47 | 1.44 | 1.38 |
| $L_{max}$ | 1.68 | 1.63 | 1.55 |

由 HTPE 推进剂机械感度与热感度研究可知，含能增塑剂对推进剂感度影响大小顺序为 NG/BTTN ＞BDNPA/BDNPF ＞ Bu-NENA。在最大断裂键长的研究中，HTPE/NG/BTTN 的最大断裂键长最大，为 1.68 Å；

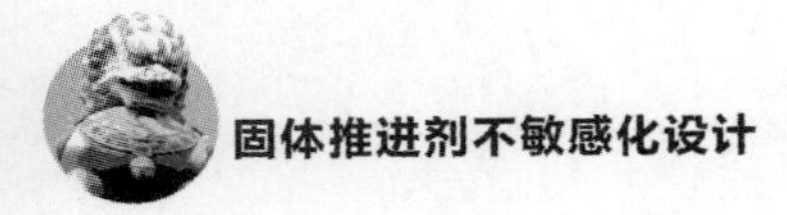


HTPE/BDNPA/BDNPF 的最大断裂键长次之，为 1.63 Å；而 HTPE/Bu-NENA 的最大断裂键长最小，为 1.55 Å。这与以上研究的感度结果相一致。同时，与单独含能增塑剂相比，HTPE 黏合剂与含能增塑剂的混合物的 $N-NO_2$ 最大断裂键长均有所减小，表明 HTPE 的加入使含能增塑剂的感度有所降低，这与试验结果基本一致。

通过 HTPE 与含能增塑剂的分子间相互作用、结合能、径向分布函数和最大断裂键长的研究可初步推断，与 HTPB 分子相比，HTPE 黏合剂分子结构中存在大量的醚键（—O—），这些醚键与含能化合物中的感度源（$N-NO_2$）有显著的分子间相互作用，使得含能化合物的 $N-NO_2$ 最大断裂键长均有所减小，进而降低了推进剂的感度。

#### 4.3.1.6 HTPE 推进剂不敏感机理试验

尽管分子动力学理论研究对推进剂组分分子间相互作用和感度相关性进行了揭示，但仍需对 HTPE 推进剂的不敏感机理进行试验验证研究，以期与分子模拟理论研究相互验证。在固体推进剂及高能量密度材料的研究中，采用热分析方法不仅可以了解其热分解过程中的动力学过程，还可以评估其在制备、处理和贮存过程中放热分解的潜在危险性，而热分解动力学研究是研究含能材料的热稳定性研究的重要方法。

研究表明，热分解、燃烧和爆炸彼此间存在着一定的关联，即慢速分解与快速分解的条件与制约。当推进剂被缓慢加热时，局部产生热点，发生热分解；当温度达到可燃点后快速分解，即发生燃烧；燃烧速度极快且受到空间制约时易发生爆炸；此外，局部热点也是推进剂感度的主要来源。因此，可采用热分解的方法对推进剂热点产生的难易程度进行评价，从而推断推进剂的被引发的难易程度和不敏感机理。

1. HTPE 黏合剂与固体组分相互作用

为分析 HTPE 对固体组分的不敏感机理，研究了 HTPE 黏合剂与固体组分 AP 与 HMX 的热分解相互作用，其中 HTPE 与 AP 的相互作用如图 4-40 所示，HTPE 与 HMX 的相互作用如图 4-41 所示。

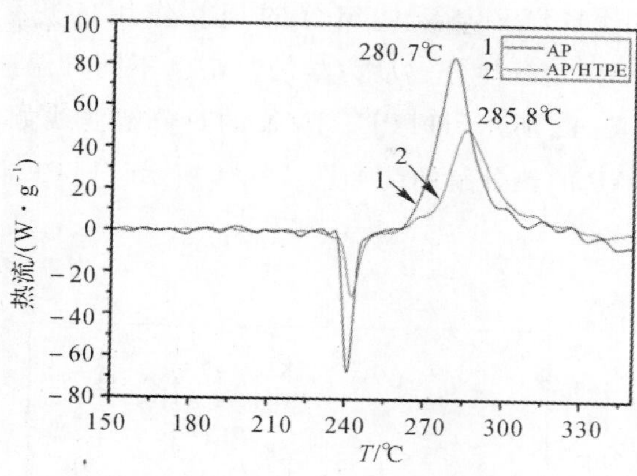


图 4-40 HTPE 与 AP 的相互作用

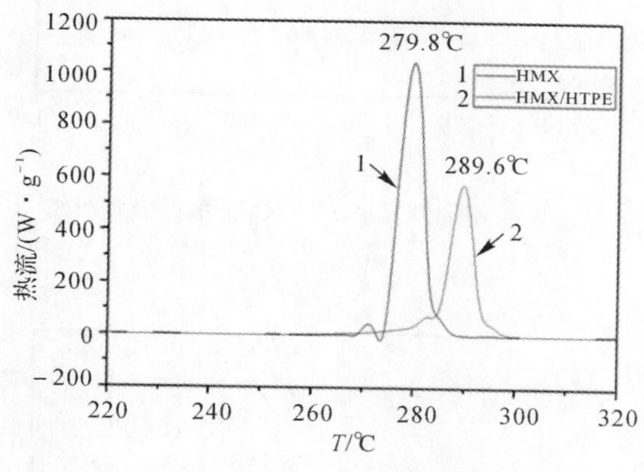


图 4-41 HTPE 与 HMX 的相互作用

由以上研究可知，AP 单质的热分解放热峰温为 280.7℃，HTPE 与 AP 的混合物放热峰温为 285.8℃，HMX 单质的热分解放热峰温为 279.8℃，HTPE 与 HMX 的混合物放热峰温为 289.6℃。HTPE/AP 的峰温较 AP 高 5.1℃，HTPE/HMX 的峰温较 HMX 高 9.8℃。HTPE 与 HMX 的相互作用强于 HTPE 与 AP 的相互作用，这与分子动力学的计算结果相一致。可见，HTPE 的加入均使固体组分的放热峰温后移，即 HTPE 可抑制 HMX 和 AP 的热分解，从而增加了固体组分的热稳定性。

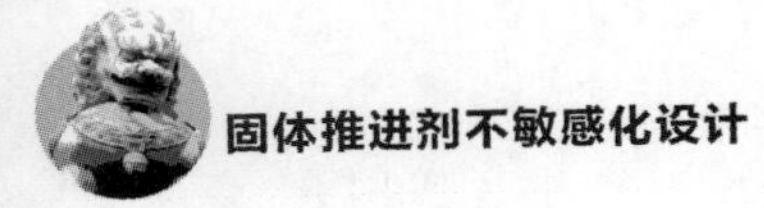


2. HTPE 黏合剂对固体组分热分解动力学的影响

为进一步对比 HTPE 与固体组分的相互作用的热稳定性，研究了 HTPE 黏合剂低固体组分热分解动力学的影响。不同升温速率下 HMX 的热分解曲线如图 4－42 所示，HTPE/HMX 的热分解曲线如图 4－43 所示。不同升温速率下 AP 的热分解曲线如图 4－44 所示，HTPE/AP 的热分解曲线如图 4－45 所示。

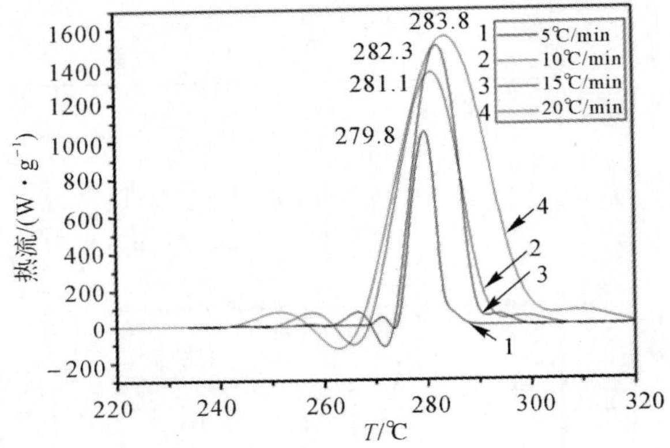


图 4－42　不同升温速率下 HMX 的热分解曲线

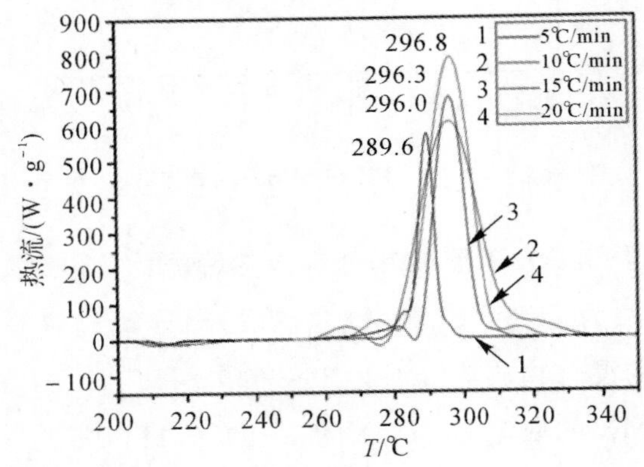


图 4－43　不同升温速率下 HTPE/HMX 的热分解曲线

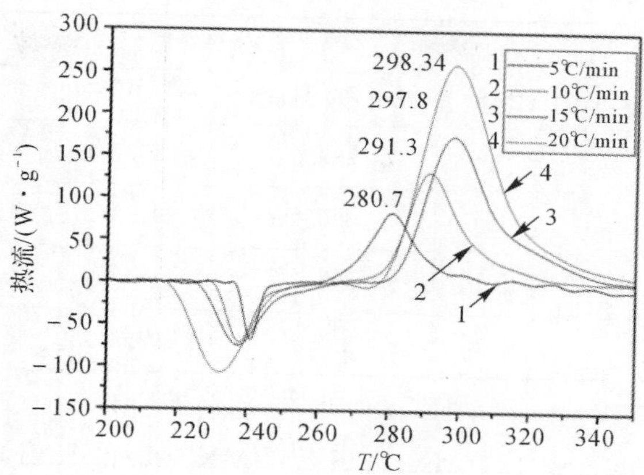


图 4-44　不同升温速率下 AP 的热分解曲线

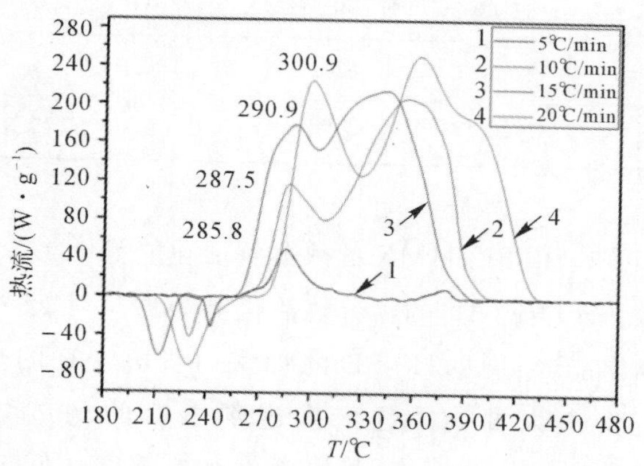


图 4-45　不同升温速率下 HTPE/AP 的热分解曲线

由图 4-42～图 4-45 可知，随着升温速率的增大，HMX、AP、HTPE/HMX 和 HTPE/AP 的分解峰温均向高温方向移动，相同升温速率下的 HTPE/HMX 的峰温与 HMX 的峰温相比较高，HTPE/AP 的峰温与 AP 的峰温相比较高。不同升温速率下的样品分解峰温对比见表 4.19。

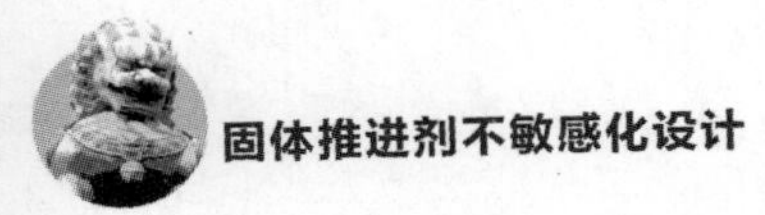


表 4.19　不同升温速率下样品的分解峰温

| 加热速率/(℃·$min^{-1}$) | 分解峰温/℃ | | | |
|---|---|---|---|---|
| | HMX | HTPE/HMX | AP | HTPE/AP |
| 5 | 279.8 | 289.6 | 280.7 | 285.8 |
| 10 | 281.1 | 296.0 | 291.3 | 287.5 |
| 15 | 282.3 | 296.3 | 297.8 | 290.9 |
| 20 | 283.8 | 296.8 | 298.4 | 300.9 |

根据不同升温速率下 HMX、HTPE/HMX、AP 和 HTPE/AP 的热分解峰温，采用 Kissinger 法计算了各样品的热分解活化能与指前因子，结果见表 4.20。

表 4.20　Kissinger 法计算不同样品的热分解活化能与指前因子

| 动力学参数 | HMX | HTPE/HMX | AP | HTPE/AP |
|---|---|---|---|---|
| $E$/(kJ·$mol^{-1}$) | 86.99 | 424.75 | 180.05 | 192.44 |
| $\lg A/s^{-1}$ | 79.67 | 37.53 | 14.73 | 15.93 |

由表 4.20 可知，HTPE/HMX 的热分解活化能为 424.75 kJ·$mol^{-1}$，远远比 HMX 的高。HTPE/AP 的热分解活化能为192.44 kJ·$mol^{-1}$，也高于 AP 的热分解活化能。可见，HTPE 的加入可提高 AP 的热稳定性，而使 HMX 的热稳定性大大提高。这与推进剂感度的测试结果相一致，即 HTPE/HMX 推进剂的机械感度、静电感度和热感度均低于 HTPE/AP 推进剂。

3. 增塑剂对 HTPE 推进剂热分解动力学参数的影响

研究表明，增塑剂对推进剂的热分解特性有较大影响，是推进剂热分解的重要影响因素。研究了不同升温速率下 HTPE-NG/BTTN 推进剂和 HTPE-BuNENA 的 TG 曲线和 DTG 曲线，并分析了其热分解动力学，结果如图 4-46 和图 4-47 所示。

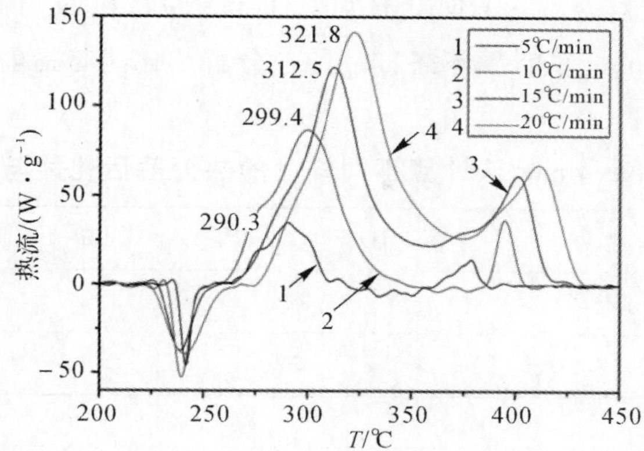


图 4-46　不同升温速率下 HTPE-NG/BTTN 推进剂的 DSC 曲线

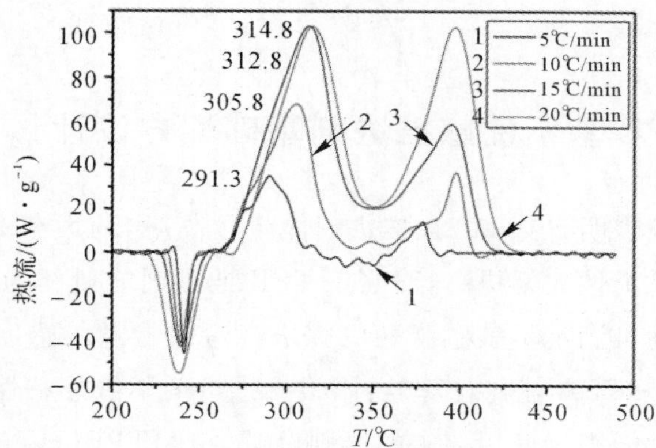


图 4-47　不同升温速率下 HTPE-Bu-NENA 推进剂的 DSC 曲线

不同升温速率下的样品分解峰温对比见表 4.21。

**表 4.21　不同升温速率下样品的分解峰温**

| 加热速率/(℃·$min^{-1}$) | NG/BTTN-HTPE 分解峰温/℃ | Bu-NENA-HTPE 分解峰温/℃ |
|---|---|---|
| 5 | 290.3 | 291.3 |
| 10 | 299.4 | 305.8 |
| 15 | 312.5 | 312.8 |
| 20 | 321.8 | 314.8 |

根据不同升温速率下 HMX、HTPE/HMX、AP 和 HTPE/AP 的热分解峰温，采用 Kissinger 法计算了各样品的热分解活化能与指前因子，结果见表 4.22。

表 4.22 Kissinger 法计算不同样品的热分解活化能与指前因子

| 动力学参数 | NG/BTTN－HTPE | Bu－NENA－HTPE |
|---|---|---|
| $E$ /(kJ·mol$^{-1}$) | 107.92 | 144.20 |
| lg$A$/s$^{-1}$ | 17.48 | 25.29 |

根据计算结果可知，含 Bu－NENA 的 HTPE 推进剂热分解活化能为 144.20 kJ·mol$^{-1}$，高于含 NG/BTTN 的 HTPE 推进剂，表明其热稳定性较好。

## 4.3.2 HTPE 基不敏感推进剂基础配方设计

国内外研究表明，当 HTPE 推进剂能量较高时(约大于 260 s 左右)，推进剂的感度和易损性大幅提高，而当 HTPE 推进剂能量约为 250 s 左右时，推进剂的易损性可满足不敏感弹药的需求。考虑能量与感度相互制约的因素，采用 NASA－CEA 能量计算软件，根据推进剂不敏感特性、能量特性、工艺可行和力学性能满足使用要求的原则，对影响 HTPE(HTPE)推进剂的能量性能、工艺性能、力学性能和表界面性能等因素进行研究，并据此设计了 HTPE 推进剂基础配方。

### 4.3.2.1 原材料、计算方法与仪器测试方法

1. 主要原材料

原材料：端羟基聚醚黏合剂(HTPE，相对分子质量 3 000，如图 4－48 所示)、N－丁基硝氧乙基硝胺(Bu－NENA)、固化剂(N－100)、硝化甘油(NG)/丁三醇三硝酸酯(BTTN) 混合物、2,2－二硝基丙醇缩甲醛/2,2－二硝基丙醇缩乙醛(BDNPA/BDNPF)、黑索今(RDX)、奥克托金(HMX)、高氯酸铵(AP)、铝粉(Al，粒度 $d_{50}$＝5 μm)、安定剂和功能助剂等均为工业品。

$$H-O-[CH_2CH_2CH_2CH_2]_m-[O-CH_2CH_2]_n-O-H$$

图 4-48 HTPE 黏合剂的分子结构

2. 试验测试方法

分子量及分散系数测定：日本岛津公司的 LC-10A 型凝胶渗透液相色谱仪；交联聚苯乙烯作柱填充剂，柱效应大于 $10^4$ 塔板数，柱填充剂粒度不大于 10 μm；美国测试协会的三个聚乙二醇标样，其数均相对分子质量分别为 9 120、5 013 和 1 516；示差折光检测器，四氢呋喃作为流动相，流速 1.0 mL/min，柱温 33℃。

羟值测定：同 GB/T 12008.3—2009（聚醚多元醇羟值测定方法）。

酸值：同 GB/T 12008.5—2010（聚醚多元醇酸值测定方法）。

水分：同 GB/T 22313.3—2008（塑料—用于聚氨酯生产的多元醇水含量的测定）。

高分子红外流变仪：采用美国 Thermo Fisher Scientific 公司 HAAKE MARS Ⅲ高分子红外流变仪，样品置于两个平行板之间，上板直径 20 mm，下板直径 60 mm，两平行板间隙为 1 mm，采用水浴加热，将温度预热至所需的试验温度，振荡频率为 1 Hz。FT-IR 光谱采用 Thermo Fisher Scientific 公司 Nicolet iS10 红外光谱仪，仪器参数设置如下：分辨率 4 $cm^{-1}$，扫描速度 0.474 7 $cm \cdot s^{-1}$，光谱范围 4 000～400 $cm^{-1}$。高分子红外流变仪示意图如图 4-49 所示。

力学性能：10 mm×10 mm×120 mm 药块在 INSTRON 4505 材料试验机中进行测试，拉伸速率为 100 mm/min，试验方法参照 GJB 770B—2005 中的方法 413.1。HTPE 黏合剂与增塑剂样品采用搅拌器混合 30 min，之后将黏合剂与增塑剂的混合物浇铸于 75 mm×10 mm×2 mm 的模具中，最后在 50℃温度下置于水浴烘箱中固化 3 d。HTPE 胶片的力学性能采用 INSTRON 4505（美国）拉伸机进行测试，胶片先裁剪为 75 mm ×4 mm×2 mm，之后制成哑铃形，测试条件为 25℃，拉速为 500mm · $min^{-1}$。

混溶性：取 10 g HTPE 黏合剂，分别与等质量的 NG/BTTN、BDNPA/

BDNPF 和 BuNENA 进行混合，充分搅拌 10 min，抽真空 30 min，静置 30 min，观察现象。

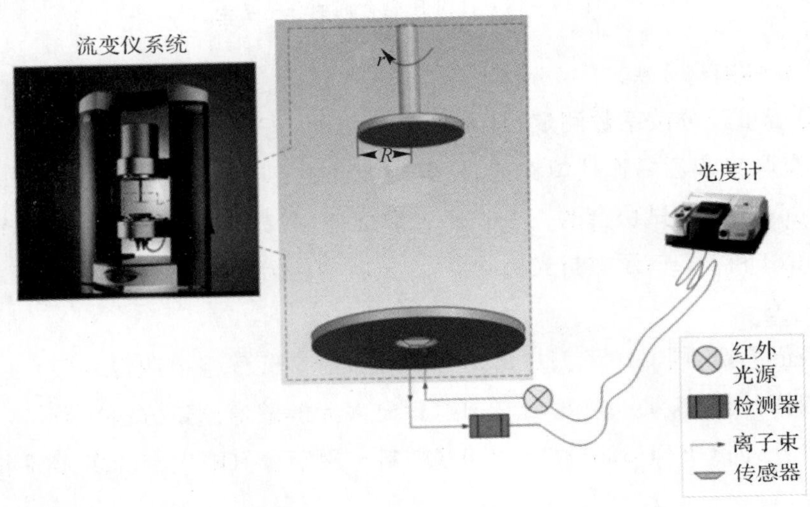


图 4-49　高分子红外流变仪示意图

药浆流动性能：流变性能试验采用德国 HAKKE 公司生产的 RS300 型旋转流变仪测定，如图 4-50 所示，使用平行板型模具，平行板直径 35 mm，测试间距 1 mm。

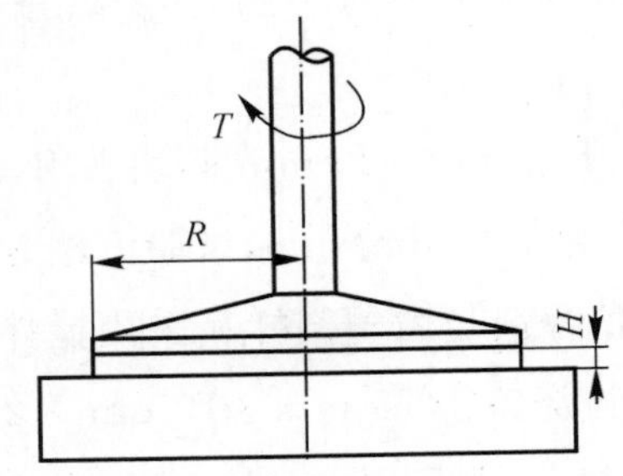


图 4-50　旋转流变仪平行板示意图

3. 计算方法

(1)理论能量特性计算。采用基于最小自由能原理的 NASA-CEA

(Chemical Equilibrium and Applications)软件计算了 HTPE 推进剂的能量特性参数,包括燃温($T_c$)、燃烧产物相对平均相对分子质量($M_c$)、特征速度($C^*$)和比冲($I_{sp}$)。其中标准条件为:燃烧室压强 6.86 MPa,膨胀比 70/1。其他燃烧室压强条件时的出口压强均设为 1 个大气压。

(2)接触角测试原理。接触角 $\theta$ 是润湿程度的量度。将液态材料(L)放在固体填料(S)上,如果有一相是气体(G),则接触角 $\theta$ 是气-液界面通过液体而与固-液界面所夹的角(见图 4-51)。若 $\theta<90°$,则固体是亲液的,即液体可润湿固体,其角越小,润湿性越好;若 $\theta>90°$,则固体是憎液的,即液体不润湿固体,容易在表面上移动。高分子材料附着在固体填料的表面液滴处于不完全浸润状态,$\theta$ 为 0°~180°之间。

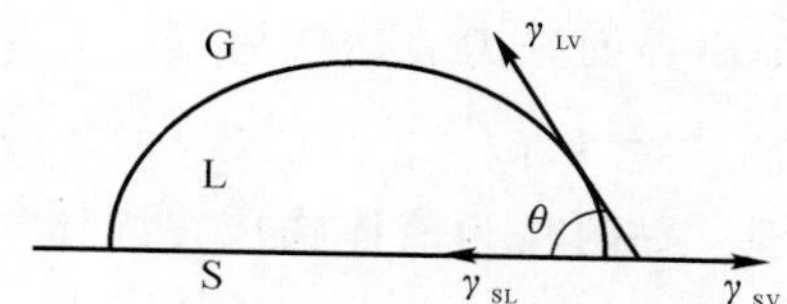


图 4-51 固体填料表面高分子黏合剂的平衡状态

采用 Wilhelmy 吊片法测试 HTPE 黏合剂的动态接触角 $\theta$,关系式为:

$$\cos\theta=\frac{F}{L\cdot\sigma} \tag{4-11}$$

式中,$\theta$ 为接触角;$L$ 为浸润深度;$F$ 为浸润力;$\sigma$ 为表面张力。

采用 Modified Washburn 方法[72]测试 AP、RDX 和 HMX 粉末的动态接触角 $\theta$,关系式为

$$\cos\theta=\frac{m^2\eta}{t\rho^2\sigma_L c} \tag{4-12}$$

式中,$\theta$ 为接触角;$m$ 为质量(g);$\eta$ 为液体粘度(mPa·s);$t$ 为时间(s);$\rho$ 为液体密度(g·cm$^{-3}$);$\sigma_L$ 为液体表面张力(mN·m$^{-1}$);$c$ 为校正因子。

(3)表面张力测试原理。当固体与液体之间同时存在着分散力和极性力的相互作用时,则表面张力可表示为

$$\gamma=\gamma^d+\gamma^p \tag{4-13}$$

式中,极性分量 $\gamma^p$ 包括偶极和氢键的相互作用,其值的大小受表面极性因素

的影响；非极性分量 $\gamma^{d}$ 包括非极性分子之间的相互作用，通常受密度的影响。

(4)界面张力测试原理。当固液间界面张力、固体物质表面张力和液体物质表面张力三个作用力达到平衡时，根据杨氏方程，液体附着在固体上的作用力即固-液间界面作用力关系为

$$\gamma_{S}=\gamma_{SL}+\gamma_{L}\cos\theta \tag{4-14}$$

式中，$\gamma_{S}$ 为固体物质表面张力；$\gamma_{SL}$ 为固液间界面张力；$\gamma_{L}$ 为液体物质表面张力；$\theta$ 为接触角。

Girifalco 和 Good 于 1957—1960 年间推导出固相-液相间界面张力关系为

$$\gamma_{SL}=(\gamma_{S}^{1/2}-\gamma_{L}^{1/2})^{2} \tag{4-15}$$

Owens 和 Wendt 提出界面张力表达式为

$$\gamma_{SL}=[(\gamma_{S}^{d})^{1/2}-(\gamma_{L}^{d})^{1/2}]^{2}-[(\gamma_{S}^{p})^{1/2}-(\gamma_{L}^{p})^{1/2}]^{2} \tag{4-16}$$

(5)黏附功测试原理。黏附功为液体物质在固体表面附着过程中的能量变化，Dupre 提出热力学黏附功 $W_{a}$ 与表面张力及界面张力之间的关系，称为 Dupre 方程，其关系为

$$W_{a}=\gamma_{S}+\gamma_{L}-\gamma_{SL} \tag{4-17}$$

式中，$W_{a}$ 为黏附功；$\gamma_{SL}$ 为固液间界面张力；$\gamma_{S}$ 为固体物质表面张力；$\gamma_{L}$ 为液体物质表面张力。

(6)铺展系数测试原理。铺展系数 $S_{SL}$ 指在恒温恒压下液体可逆铺展一单位面积时，固液系统的吉布斯自由能的变化值，其表达式为

$$S_{SL}=-\Delta G=\gamma_{S}-\gamma_{L}-\gamma_{SL} \tag{4-18}$$

式中，$S_{SL}$ 为铺展系数；$\Delta G$ 为吉布斯自由能的变化值。

#### 4.3.2.2 HTPE 推进剂能量性能设计

提高推进剂能量是固体推进剂研究者追求的重要指标，在推进剂配方设计中，能量性能是其考虑的首要方面。利用 NASA-CEA 能量计算软件研究了 HTPE 推进剂主要组分增塑剂、Al、AP、HMX 等对推进剂能量性能的影响。

1. 增塑剂对 HTPE 推进剂能量性能的影响

考虑推进剂的工艺性能、力学性能等综合因素，根据工程经验，初步设定推

进剂固体含量为80%，初步设定黏合剂与增塑剂的增塑比为1∶1，调节固体组分中Al和AP的质量百分含量，并考察不同增塑剂，包括NG与BTTN的1∶1混合物、BDNPA与BDNPF的1∶1混合物、Bu－NENA以及癸二酸二辛酯(DOS)对HTPE推进剂能量特性的影响，其中燃气平均分子量的影响如图4－52所示，燃温变化如图4－53所示，比冲变化如图4－54所示。

由图4－52可看出，NG/BTTN的燃气平均分子量较高，而DOS的燃气平均分子量较低，可能是由于NG与BTTN的含氧量较高，其推进剂在燃烧时产生较多$CO_2$、$N_2$和$H_2O$等相对分子质量较大的气体物质，燃气平均相对分子量提高较大。DOS中含氧量较低，其推进剂在燃烧时产生较多NO、CO和OH等小分子物质，燃气平均相对分子量提高较少。

由研究可知，含NG/BTTN的HTPE推进剂燃烧温度较高，而含DOS的HTPE推进剂燃烧温度较低，可能是由于NG/BTTN本身的燃烧温度较高，从而使推进剂的燃烧温度大幅升高，而DOS属于非含能物质，其本身的燃烧温度较低，该推进剂的燃烧温度较低。

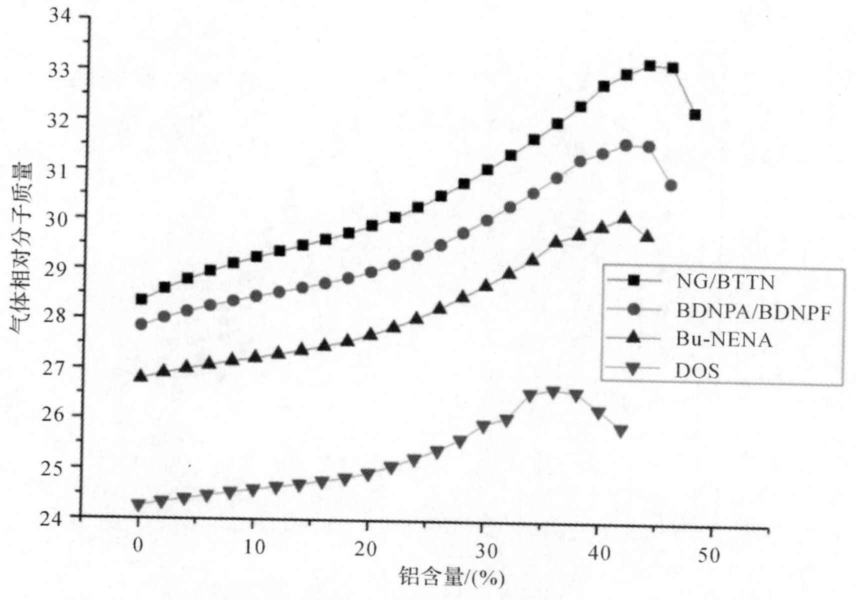


图4－52 增塑剂对HTPE推进剂燃烧气体平均分子量的影响

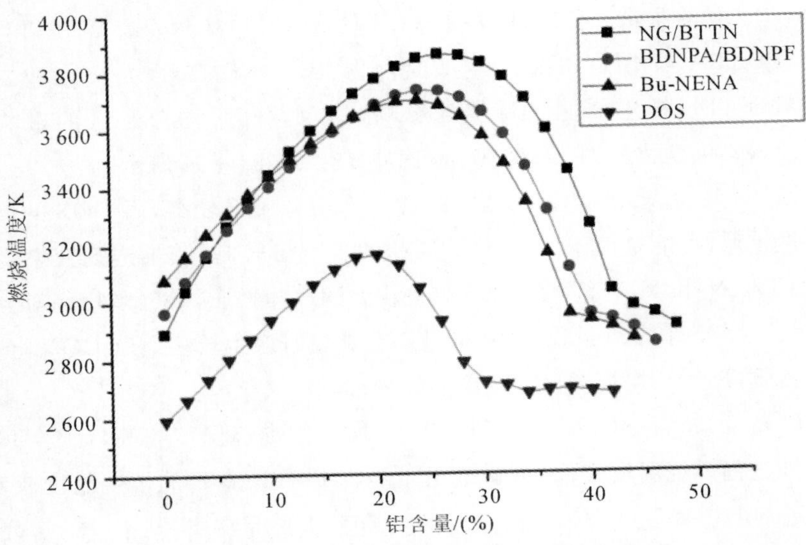


图 4-53　增塑剂对 HTPE 推进剂燃烧温度的影响

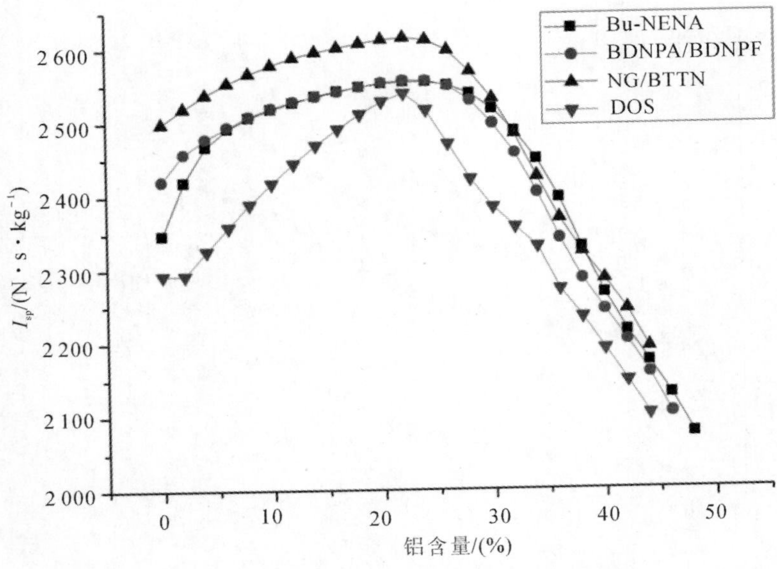


图 4-54 增塑剂对 HTPE 推进剂比冲的影响

从图4－52～图4－54可看出，不同含能增塑剂对推进剂均有显著影响，其中NG/BTTN的能量最高，Bu－NENA与BDNPA/BDNPF接近，而DOS最低。可知：NG/BTTN单体的感度较高，对推进剂能量的贡献最大；DOS为不敏感增塑剂，其对能量的贡献最小。推进剂的能量和感度之间存在相互制约的矛盾。

2. 固体组分对HTPE推进剂能量性能的影响

固体填料在HTPE推进剂中可占70％～88％左右，是该推进剂的主要组成部分，也是影响推进剂能量的主要因素。下面研究HTPE推进剂主要组分AP、HMX和Al对推进剂能量性能的影响，为HTPE推进剂的配方设计提供理论参考。

(1) Al粉对HTPE推进剂能量性能的影响。Al粉是固体推进剂常用的还原剂，可有效增加推进剂的能量性能。Al粉对HTPE推进剂燃温和比冲的影响，如图4－55和图4－56所示。

由图4－55可知，Al粉对HTPE推进剂的燃烧温度有明显的影响，在Al粉含量为0～25％时，随着Al粉含量的增加，推进剂燃温显著增大，达3 870 K。这可能是由于，Al粉的燃烧热较高，在燃烧时可产生大量的热量，并可增加推进剂表面的热反馈，从而提高了推进剂的燃烧温度。但当Al粉含量为25％～48％时，推进剂燃烧温度显著下降，这可能是由于Al粉含量过多时，推进剂的氧含量明显不足，无法进行充分燃烧，从而大幅降低了推进剂的燃温。

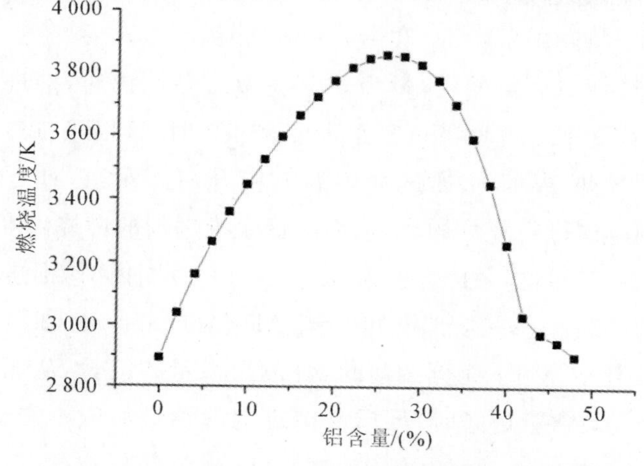


图4－55　Al粉对HTPE推进剂燃烧温度的影响

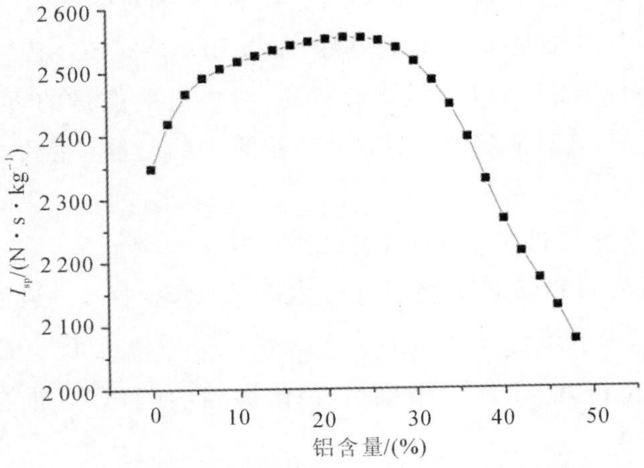


图 4-56　Al 粉对 HTPE 推进剂比冲的影响

由研究可知：在 HTPE 推进剂中，Al 粉含量在 3.0%～22.0% 范围内时，推进剂的理论比冲随 Al 粉含量的提高而显著增大，强还原性的 Al 粉发生充分的氧化反应，并释放出大量的热，使推进剂的比冲随 Al 粉含量的提高而增大；Al 粉含量高于 22.0% 时，推进剂的理论比冲逐渐减小，这可能是由于 Al 粉含量过高，在推进剂中燃烧不完全，推进剂能量不能完全释放。

(2) AP 对 HTPE 推进剂能量性能的影响。高氯酸铵（AP）是目前 HTPE 推进剂中主要的氧化剂，具有能量高、做功能力强及氧化性强等特点，其对推进剂能量性能具有显著影响。研究了 AP 对 HTPE 推进剂燃温和比冲的影响，结果如图 4-57 和图 4-58 所示。

由图 4-57 可知，当 AP 含量为 30%～54% 范围内时，推进剂燃温显著增加，最高达 3 880K。可见当 AP 含量低于 54% 时，HTPE 推进剂可充分燃烧并放出大量的热，从而使推进剂燃温大幅升高。而当 AP 含量过高时，HTPE 推进剂不能进行充分燃烧，从而降低了推进剂的燃烧温度。

由图 4-58 可知，当 AP 含量为 30%～54% 范围内时，推进剂比冲显著增加，最高达 2 552N · s · kg$^{-1}$。可见当 AP 含量小于 54% 时，HTPE 推进剂中的还原性组分得到了充分的氧化，释放出大量的能量，从而提高了推进剂的比冲。当 AP 含量过高时，HTPE 推进剂的燃烧反应不完全，推进剂的比冲有所降低。

(3)HMX 对 HTPE 推进剂能量性能的影响。HMX 是一种常用的高能炸药,具有高能、无烟、来源广泛等优点,是目前在许多高能推进剂中广泛应用的主要能量添加剂。其含量变化对推进剂的燃烧性能和能量特性产生很大影响。研究 HMX 对 HTPE 推进剂燃温和比冲的影响,结果如图 4-59 和图 4-60 所示。

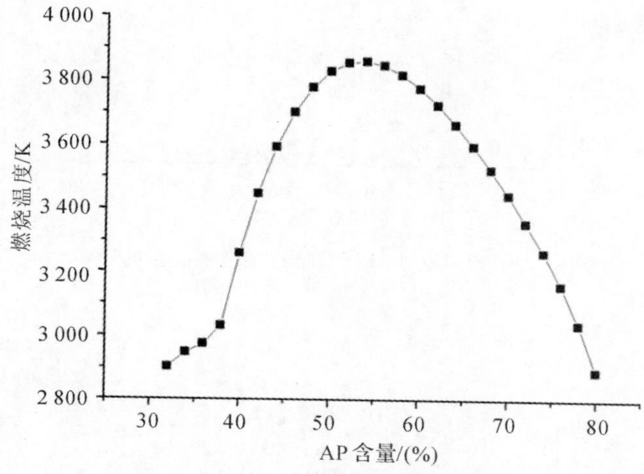


图 4-57　AP 对 HTPE 推进剂燃烧温度的影响

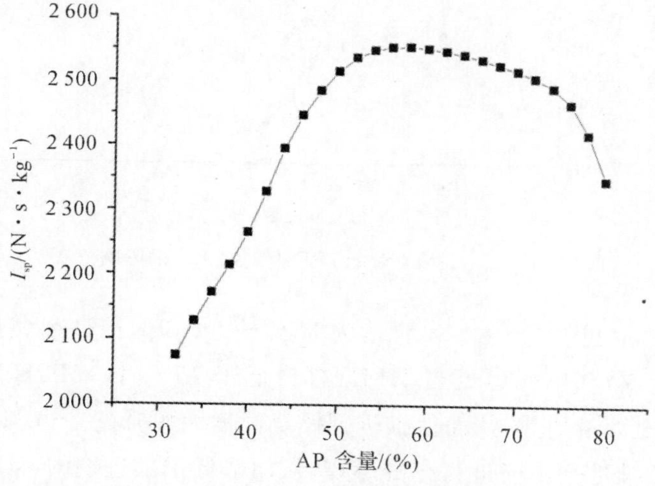


图 4-58　AP 对 HTPE 推进剂比冲的影响

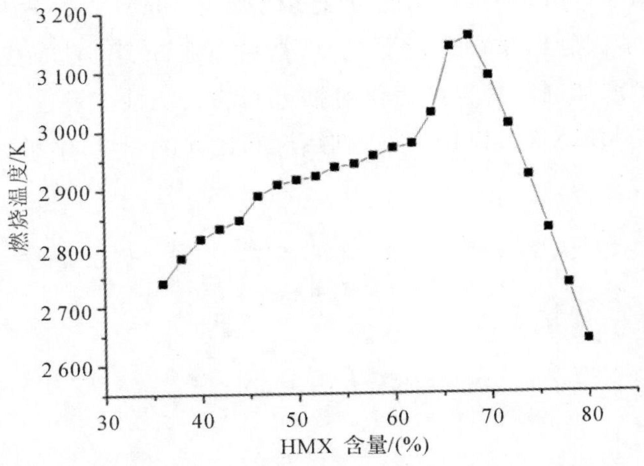


图 4-59　HMX 对 HTPE 推进剂燃烧温度的影响

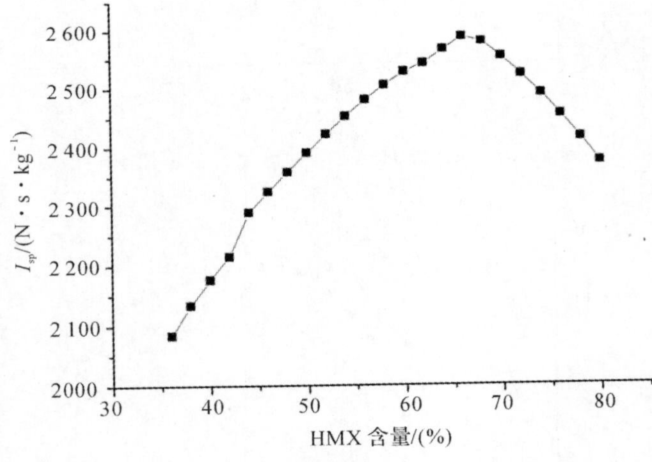


图 4-60　HMX 对 HTPE 推进剂比冲的影响

由图 4-59 可知，当 HMX 含量为 35%～70%时，推进剂燃烧温度显著增加，最高达 3 150 K。可见当 HMX 含量低于 70%时，HTPE 推进剂可充分燃烧并放出大量的热，从而使推进剂燃烧温度大幅升高。当 HMX 含量过高时，HTPE 推进剂不能进行充分燃烧，从而降低了推进剂的燃烧温度。

由图 4-60 可知，当 HMX 含量为 35%～66%时，HMX 较高的氧系数有效改善了体系的氧平衡，使推进剂的燃烧更充分，能量释放更完全。当

HMX 含量过高时，HTPE 推进剂不能进行充分燃烧，从而降低了推进剂的比冲。

3. 新型不敏感含能材料对推进剂能量性能的影响

在推进剂的研究过程中，通常加入不敏感材料以改善推进剂的感度性能。下面研究新型不敏感含能材料包括 1,1,-二氨基 2,2 -二硝基乙烯(FOX - 7)、N -脒基脲二硝酰胺盐(FOX - 12)、3 -硝基- 1,2,4 -三唑- 5 酮(NTO)、3,3′-二硝铵基- 4,4′-偶氮呋咱二肼盐($Hy_2$DNAAF)、5,7 -二氨基-4,6 -二硝基苯并氧化呋咱(CL - 14)和 3 -硝氨基- 4 -硝基呋咱羟胺盐(HANNF)等的能量特性，并研究了其对 HTPE 推进剂能量性能的影响，为新型高能量密度材料在推进剂中的应用提供参考。

(1)新型不敏感含能材料单元推进剂能量特性。单元推进剂比冲为新型不敏感含能材料质量分数为 100%时的能量参数，其计算数值可表明新型不敏感含能材料的典型能量特征。标准条件下，八种新型不敏感含能材料的化学结构如图 4 - 61 所示，单元推进剂的能量参数列于见表 4.23，并与 RDX、HMX 和 CL - 20 进行了对比。

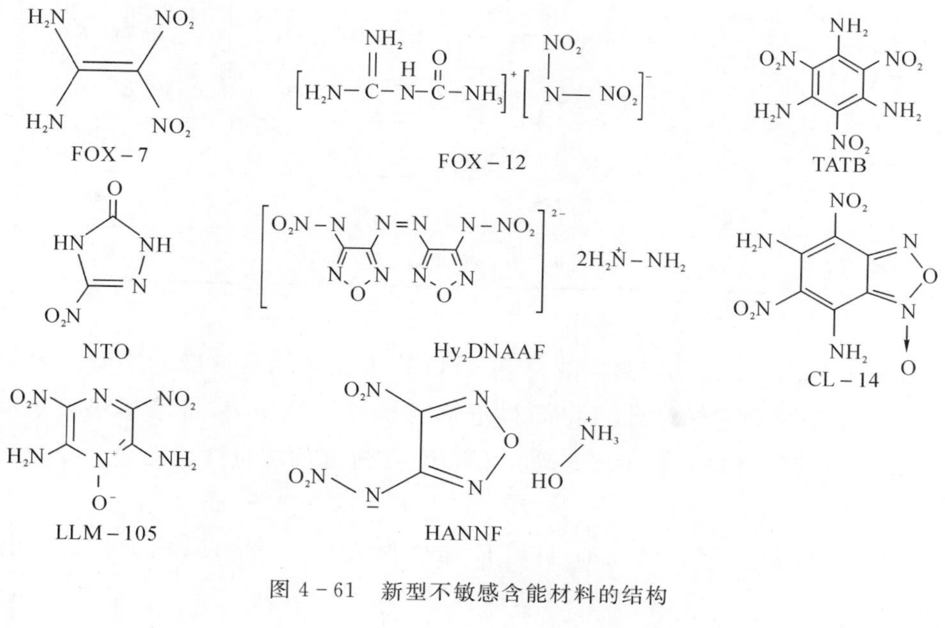

FOX - 7　　FOX - 12　　TATB

NTO　　$Hy_2$DNAAF　　CL - 14

LLM - 105　　HANNF

图 4 - 61　新型不敏感含能材料的结构

研究可知，RDX燃气平均相对分子质量为24.3，新型不敏感含能材料燃气相对平均相对分子质量为24～32，这可能由于其分子结构中含有大量N元素，同时含有一定O元素，在燃烧过程中产生较多$CO_2$、$N_2$等气体物质，因此其燃气平均相对分子质量较高；比冲和特征速度的计算结果表明，新型不敏感含能材料具有较高的能量，其中$Hy_2$DNAAF的比冲达2 747.5 N·s·kg$^{-1}$，HANNF的比冲达2 744.8 N·s·kg$^{-1}$，而CL-14的比冲高达2 802.2 N·s·kg$^{-1}$，特征速度达1 728.4 m·s$^{-1}$，较RDX的比冲和特征速度有大幅提高。

**表4.23　新型不敏感含能材料单元推进剂能量性能**

| 含能材料 | 燃气分子量 | 燃烧温度/K | 特征速度/(m·s$^{-1}$) | 比冲/(N·s·kg$^{-1}$) |
|---|---|---|---|---|
| FOX-7 | 24.609 | 2 793.14 | 1 489.5 | 2 350.2 |
| FOX-12 | 22.119 | 2 056.15 | 1 336.4 | 2 101.0 |
| NTO | 28.581 | 2 929.67 | 1 446.6 | 2 338.9 |
| $Hy_2$DNAAF | 24.551 | 3 686.69 | 1 731.6 | 2 747.5 |
| CL-14 | 24.500 | 3 589.70 | 1 728.4 | 2 802.2 |
| HANNF | 26.471 | 3 577.04 | 1 666.4 | 2 744.8 |
| TATB | 21.753 | 1 694.02 | 1 216 | 1 965.4 |
| LLM-105 | 24.001 | 2 451.37 | 1 392.9 | 2 172.9 |
| RDX | 24.267 | 3 277.27 | 1 644.7 | 2 608.9 |
| CL-20 | 27.362 | 3 586.45 | 1 638.1 | 2 673.3 |

(2)新型不敏感含能材料含量对HTPE推进剂能量性能的影响。为研究新型不敏感含能材料对HTPE推进剂能量特性的影响，将硝基呋咱逐步取代HTPE推进剂中的RDX，研究HTPE推进剂的能量性能变化。计算压强为6.86 MPa，膨胀比为70/1。

新型不敏感含能材料对HTPE推进剂燃烧温度的影响如图4-62所示。

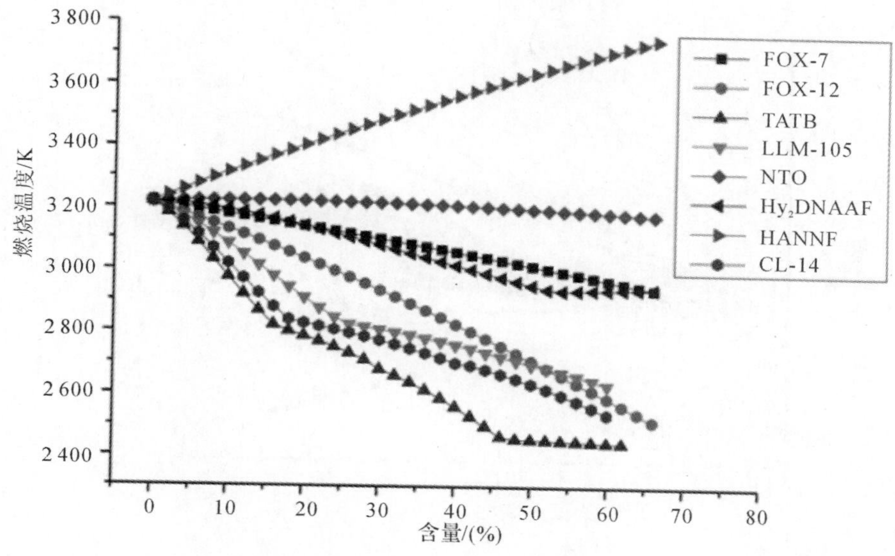


图 4-62 新型不敏感含能材料对 HTPE 推进剂燃温的影响

由图 4-62 可知，除 HANNF 外，新型不敏感含能材料的加入均使 HTPE 推进剂的燃烧温度有所降低，其中 CL-14 和 TATB 分别使 HTPE 推进剂燃烧温度降低 678.24 K 和 772.84 K，而 HANNF 使推进剂燃温提高 30.7 K。

由研究可知，含 NTO 和 HANNF 的 HTPE 推进剂燃气平均相对分子量较 RDX-HTPE 推进剂有明显提高，约为 12.9%和 9.2%。原因可能是由于 NTO 和 HANNF 在燃烧时产生较多 $CO_2$、$N_2$和 $H_2O$ 等分子量较大的气体物质，燃气平均相对分子质量提高较大。

新型不敏感含能材料对 HTPE 推进剂燃气平均相对分子量的影响如图 4-63 所示。

新型不敏感含能材料对 HTPE 推进剂比冲的影响如图 4-64 所示。

由研究可知，新型不敏感含能材料可有效提高 HTPE 推进剂的比冲，其中 $Hy_2DNAAF$、CL-14 与 HANNF 可分别使 HTPE 推进剂的比冲提高 $52.4\ N\cdot s\cdot kg^{-1}$、$64.4\ N\cdot s\cdot kg^{-1}$和 $124.4\ N\cdot s\cdot kg^{-1}$。

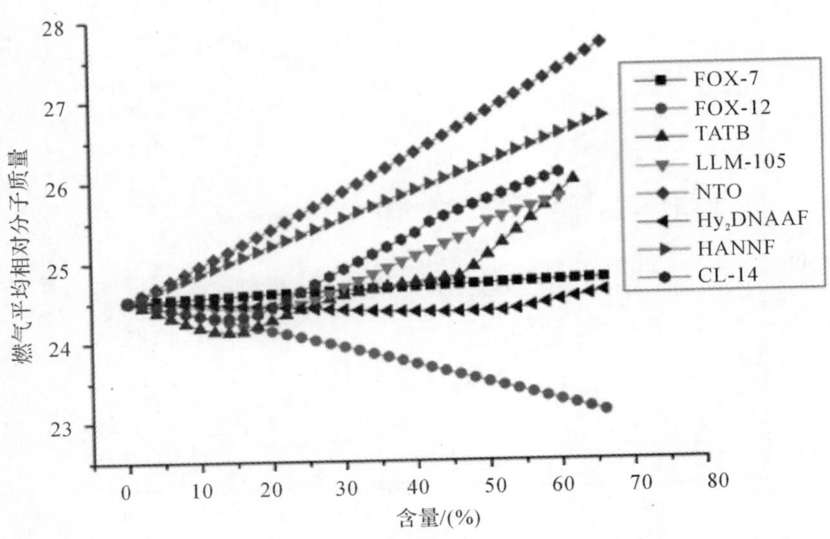


图 4-63　新型不敏感含能材料对 HTPE 推进剂燃气平均相对分子质量的影响

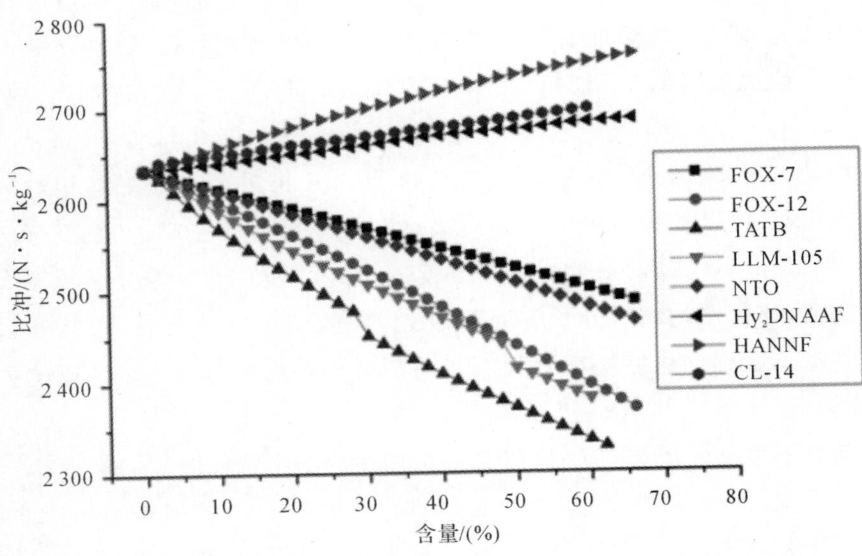


图 4-64　新型不敏感含能材料对 HTPE 推进剂比冲的影响

#### 4.3.2.3 HTPE 推进剂工艺性能研究

在 HTPE 推进剂能量满足要求时，其工艺性能的好坏成为推进剂配方设计考虑的首要因素，其工艺性能是否满足实际需求也成为检验推进剂配方设计是否合理的重要度量。通过研究 HTPE 黏合剂性能、表界面性能、颗粒级配以及流变性能，对 HTPE 推进剂的工艺性能进行了试验研究与工艺模拟，以期优选出工艺性能优良的 HTPE 推进剂配方。

1. HTPE 黏合剂性能研究

黏合剂是影响推进剂工艺性能的重要因素，需对所使用的黏合剂的性能进行探索研究。HTPE 黏合剂的相对分子质量、羟值、玻璃化转变温度、酸值、水分和混溶性等黏合剂基础性能试验结果见表 4.24。

表 4.24 HTPE 黏合剂性能

| 样　品 | 相对分子质量 | 羟值/(mgKOH·$g^{-1}$) | 玻璃化转变温度/℃ |
|---|---|---|---|
| HTPE | 3552 | 36.69 | −70.37 |

为探索 HTPE 黏合剂与含能增塑剂之间的物理相容性，研究了 HTPE 与 NG/BTTN、BDNPA/BDNPF、Bu－NENA 之间的混溶性，结果如图4－65所示。

(a)

(b)

(c)

图 4－65 HTPE 与 NG/BTTN、BDNPA/BDNPF 和 Bu－NENA 的混溶性

(a)NG/BTTN； (b)BDNPA/BDNPF； (c)Bu－NENA

由图 4-65 可看出，HTPE 与 NG/BTTN、BDNPA/BDNPF 和 Bu-NENA 均可物理相容，未发生分层等现象，也未发生燃烧、爆炸、生成气体的化学反应。其中，NG/BTTN 溶液呈乳白色、BDNPA/BDNPF 溶液呈黄色，有轻微混浊，而 Bu-NENA 溶液呈无色透明，可认为 Bu-NENA 与 HTPE 的混溶性良好。

2. HTPE 黏合剂与固体填料组分表界面性能研究

根据工艺经验和大量研究结果可知，表界面性能对推进剂的工艺性能有很大影响。由于 HTPE 推进剂中固体组分含量较大（70%以上），HTPE 黏合剂与推进剂固体填料（如 AP 等）之间易于出现“脱湿”等问题。同时，HTPE 与推进剂固体填料间浸润性的好坏直接影响该推进剂的工艺性能，HTPE 黏合剂与固体填料之间的界面性能也是影响固体推进剂力学性能的重要因素之一。通过固-液接触角法，采用动态接触角测试仪和界面张力仪研究了 HTPE 与 Al、AP、RDX 和 HMX 之间的表界面特性，为改善 HTPE 推进剂工艺性能提供一定的参考。

(1) HTPE 及固体填料与不同液体间的接触角。采用 Wilhelmy 吊片法测试 HTPE 黏合剂的动态接触角 $\theta$；采用 Modified Washburn 方法测试 AP、RDX 和 HMX 粉末的动态接触角 $\theta$，结果见表 4.25。

**表 4.25 推进剂组分与不同液体间的接触角(°)**

| 样 品 | 甘 油 | 水 | 乙二醇 | 甲酰胺 | 乙醇 | 乙酸乙酯 |
|---|---|---|---|---|---|---|
| HTPE | 94.22 | 91.65 | 81.43 | — | — | — |
| HTPB | 84.62 | 87.92 | 70.62 |  |  |  |
| RDX | — | — | — | 64.95 | 0.00 | 48.92 |
| HMX | — | — | 0.00 | 73.94 | 0.00 | 54.73 |
| AP | — | — | — | 85.28 | 0.00 | 18.07 |
| Al | — | — | — | 89.25 | 0.00 | 64.30 |

由表 4-25 可知，HTPE、HTPB 与乙二醇的亲和性较好，而与水和甘油的亲和性较差；RDX 与乙醇的接触角为 0°，乙醇对 RDX 可完全浸润，乙酸乙

酯对 RDX 的浸润性较好，而甲酰胺对 RDX 的浸润性略差；乙二醇与乙醇对 HMX 的接触角均为 0°，一缩聚乙二醇对 HMX 的浸润性较好，乙酸乙酯与甲酰胺的浸润性较差；乙醇和乙酸乙酯均为 AP 的良好浸润性溶剂，而甲酰胺对 AP 的接触接近于 90°，其浸润性较差；乙醇对 Al 的浸润性较好，甲酰胺对 Al 的浸润性较差。

(2) HTPE 及固体填料的表面张力。根据推进剂组分与不同液体间的接触角的测试结果，应用 Owens - Wendt - Rabel and Kaelble (OWRK)表面张力计算方法，计算推进剂组分的表面张力的非极性分量 $\gamma^d$、极性分量 $\gamma^p$ 和表面张力 $\gamma$，结果见表 4.26。

**表 4.26 HTPE 及固体填料的表面张力**

| 样　品 | $\gamma^d/(mN \cdot m^{-1})$ | $\gamma^p/(mN \cdot m^{-1})$ | $\gamma/(mN \cdot m^{-1})$ |
|---|---|---|---|
| RDX | 2.60 | 44.69 | 47.29 |
| HMX | 3.49 | 51.38 | 54.87 |
| AP | 25.90 | 0.08 | 25.98 |
| Al | 36.26 | 48.35 | 84.61 |
| HTPE | 2.2 | 15.93 | 18.23 |
| HTPB | 9.7 | 10.72 | 20.42 |

由表 4.26 可知，HTPE 和 AP 的表面张力较小，分别为 18.23 $mN \cdot m^{-1}$和 25.98 $mN \cdot m^{-1}$，而 HMX 和 RDX 的表面张力较大，分别为 54.87 $mN \cdot m^{-1}$和 47.29 $mN \cdot m^{-1}$。HTPE 表面张力为 18.23 $mN \cdot m^{-1}$，小于 HTPB 的 20.42 $mN \cdot m^{-1}$。可见，HTPE 的表面张力较小，易于在其他固体物质表面铺展。表面张力是分子力的一种表现，它发生在多相体系接触时的边界部分，是 HTPE、AP、HMX 和 RDX 表面层的分子处于边界的特殊情况而产生的分子作用力。

(3) HTPE 及固体填料间的界面张力。根据 HTPE 及固体填料间的表面张力的计算结果，得出 HTPE、HTPB 分别与 AP、RDX 和 HMX 之间的界面张力 $\gamma_{SL}$，结果见表 4.27。

界面张力与接触角同样是衡量润湿程度的量度，HTPE 与固体填料间的界面张力关系为 $\gamma_{SL}$(HTPE－RDX)＜$\gamma_{SL}$(HTPE－HMX)＜$\gamma_{SL}$(HTPE－AP)＜$\gamma_{SL}$(HTPE－Al)；HTPB 与固体填料间的界面张力关系为：$\gamma_{SL}$(HTPB－AP)＜$\gamma_{SL}$(HTPB－RDX)＜$\gamma_{SL}$(HTPB－HMX)＜$\gamma_{SL}$(HTPB－Al)。HTPE 与 RDX 和 HMX 的界面张力均小于 HTPB 与 RDX 和 HMX 的界面张力。HTPE 与硝铵类高能量密度材料的浸润性优于 HTPB，有利于改善 HTPE/硝铵推进剂的流变性能。HTPE 与固体填料间的界面张力是固、液相体系界面所产生的作用力，由于环境不同，处于界面的分子与处于相本体内的分子所受力不同，因而产生了相应的界面张力。

**表 4.27　HTPE 与固体填料间的界面张力**

| 试　样 | HTPE－RDX | HTPE－HMX | HTPE－AP | HTPE－Al |
|---|---|---|---|---|
| $\gamma_{SL}$/(mN·m$^{-1}$) | 7.26 | 10.21 | 26.53 | 29.06 |
| 试　样 | HTPB－RDX | HTPB－HMX | HTPB－AP | HTPB－Al |
| $\gamma_{SL}$/(mN·m$^{-1}$) | 13.89 | 16.72 | 12.83 | 21.98 |

(4) HTPE 及固体填料间的黏附功。黏附功指液体物质在固体表面附着过程中能量的变化。若 $W_a<0$，则液体与固体发生自发分离；若 $W_a>0$，则液体自动吸附与固体表面。

根据 HTPE、HTPB 及固体填料间的表面张力和界面张力的计算结果，计算得出 HTPE、HTPB 分别与 AP、RDX 和 HMX 之间的黏附功 $W_a$，结果见表 4.28。

**表 4.28　HTPE 与固体填料间的粘附功**

| 试　样 | HTPE－RDX | HTPE－HMX | HTPE－AP | HTPE－Al |
|---|---|---|---|---|
| $W_a$/(mN·m$^{-1}$) | 58.27 | 62.90 | 17.69 | 73.79 |
| 试　样 | HTPB－RDX | HTPB－HMX | HTPB－AP | HTPB－Al |
| $W_a$/(mN·m$^{-1}$) | 53.82 | 58.57 | 33.55 | 83.04 |

由表4.28可知，HTPE与固体填料间的黏附功关系为 $W_a$(HTPE－AP)＜$W_a$(HTPE－RDX)＜$W_a$(HTPE－HMX)＜$W_a$(HTPE－Al)。

HTPB与固体填料间的黏附功关系为 $W_a$(HTPB－AP)＜$W_a$(HTPB－RDX)＜$W_a$(HTPB－HMX)＜$W_a$(HTPB－Al)。

HTPE与RDX和HMX的黏附功均大于HTPB与RDX和HMX的黏附功。因此，HTPE与硝铵类高能量密度材料的黏结性能优于HTPB，有利于改善HTPE/硝铵推进剂的工艺性能。

(5) HTPE及固体填料间的铺展系数。由HTPE、HTPB及固体填料间的表面张力和界面张力的计算结果，计算出HTPE、HTPB分别与Al、AP、RDX和HMX之间的铺展系数 $S_{SL}$，结果见表4.29。

**表4.29　高聚物与固体填料间的铺展系数**

| 试　样 | HTPE－RDX | HTPE－HMX | HTPE－AP | HTPE－Al |
|---|---|---|---|---|
| $S_{SL}/(mN \cdot m^{-1})$ | 21.79 | 26.42 | －18.78 | 37.31 |
| 试　样 | HTPB－RDX | HTPB－HMX | HTPB－AP | HTPB－Al |
| $S_{SL}/(mN \cdot m^{-1})$ | 12.98 | 17.73 | －7.29 | 42.20 |

由表4.29可知，HTPE与固体填料间的铺展系数关系为 $S_{SL}$(HTPE－AP)＜$S_{SL}$(HTPE－RDX)＜$S_{SL}$(HTPE－HMX)＜$S_{SL}$(HTPE－Al)。

HTPB与固体填料间的铺展系数关系为 $S_{SL}$(HTPB－AP)＜$S_{SL}$(HTPB－RDX)＜$S_{SL}$(HTPB－HMX)＜$S_{SL}$(HTPB－Al)。

HTPE与RDX和HMX的铺展系数均大于HTPB与RDX和HMX的铺展系数。因此，HTPE较HTPB在硝铵类高能量密度材料的表面更易铺展，有利于改善HTPE/硝铵推进剂的工艺性能。

3.推进剂制备工艺研究

衡量推进剂工艺性能的好坏主要取决于其流变性能。通过颗粒级配模型研究首先获得固体颗粒对流变性能的影响，进一步建立固相颗粒和液相载体组成的悬浮体系的数学模型，在推进剂药浆的流变性能进行实测的基础上，进行了有限元工艺模拟。通过推进剂制备的工艺性能研究，可获得工艺性能优良的 HTPE 推进剂配方。

推进剂流变性能与固体组分的颗粒表面特性之间有着直接的关系，对于浇注类火炸药，其药浆流动性与固体颗粒形状、尺寸及粒径分布和液体黏合剂、液体增塑剂的黏度密切相关。其中液体黏合剂、液体增塑剂黏度均易测得，而固体颗粒对药浆流动性的影响可通过颗粒级配理论获得。为了获得最紧密的颗粒排列，通常采取颗粒级配，即小尺寸的颗粒填充到大尺寸颗粒的空隙中。

应用混料回归设计方法对常用的双级配和多级配模型进行优化设计，将固相物料的颗粒级配、液体黏合剂、液体增塑剂黏度与悬浮体系的流变性能相关联，进行优化设计和试验，得到了 HTPE 推进剂药浆的流变模型，为 HTPE 推进剂在固体物料颗粒级配、固液比确定等方面提供了基础数据。

目前，浇铸 HTPE 推进剂装药多为复杂药型，流变性能的优劣直接影响推进剂的装药质量和结构完整性，是成型工艺关键技术之一。利用旋转流变仪研究温度对 HTPE 推进剂的流变特性的影响，可为调节 HTPE 推进剂的工艺性能提供参考。

(1)药浆流动数学模型。在由固相颗粒和液相载体组成的悬浮体系中，体系的黏度大小与流动形变时的能量耗散有关。单位体积中有效流动相的体积分数 $\Phi_{eff}$ 越大，能量耗散速率就越快，悬浮体系的黏度 $\eta_a$ 越小，即 $\eta_a$ 与 $\Phi_{eff}$ 成反比，而与固相含量 $\Phi_s$ 成正比。

根据颗粒级配流变模型和有效流动相影响，得出悬浮体系的黏度预估公式

$$\eta_a = \eta_0 \left(1 + \frac{K}{\frac{1}{\Phi_s} - \frac{1}{\Phi_m}}\right) \tag{4-19}$$

式中，$\eta_0$ 为液相的黏度；$K$ 为界面作用参数，与颗粒形状和表面状况等有关；$\Phi_m$ 为填充体系的最大体积分数，$\Phi_s$ 为固相含量。

GJB 2335A—1995 中规定了我国常用 HMX 的分类标准，主要是按照其颗粒粒度范围的差异分类。其中，粒度最大者为 4 类，粒度最小者为 120 目，其他常用者还有 2 类、5 类、6 类等。

目前浇注类火炸药品种中常用的球形 Al 粉粒度主要有 5 μm、12～13 μm、

20～24 μm、30～35 μm、45±5 μm 等。

采用上述颗粒级配模型和药浆流动数学模型，对不同粒径的固体颗粒（HMX 和 Al）进行粒度级配后的药浆黏度及其最优体积比、质量比计算，结果见表 4.30。

**表 4.30 HMX 和 Al 粒度级配对药浆黏度的影响**

| 级配方案 | $D_{50}$/μm | | | 体积比 | | | | $\eta$/(Pa·s$^{-1}$) |
|---|---|---|---|---|---|---|---|---|
| | HMX-1 | HMX-2 | Al | $\Phi_{1min}$ | $\Phi_{1max}$ | $\Phi_{2min}$ | $\Phi_{2max}$ | |
| 1 | 132 | 21 | 5 | 0.671 | 0.723 | 0.204 | 0.219 | 334.754 |
| 2 | 132 | 21 | 5 | 0.671 | 0.723 | 0.204 | 0.219 | 334.754 |
| 3 | 132 | 15 | 5 | 0.668 | 0.723 | 0.211 | 0.228 | 264.581 |
| 4 | 400 | 21 | 5 | 0.716 | 0.786 | 0.176 | 0.193 | 176.720 |
| 5 | 132 | 21 | 50 | 0.650 | 0.723 | 0.197 | 0.219 | 272.026 |
| 6 | 132 | 21 | 13 | 0.659 | 0.723 | 0.200 | 0.219 | 294.413 |
| 7 | 132 | 21 | 5 | 0.632 | 0.713 | 0.271 | 0.305 | 254.719 |
| 8 | 132 | 15 | 5 | 0.619 | 0.713 | 0.302 | 0.348 | 203.540 |

研究表明，3$^{\#}$、4$^{\#}$、5$^{\#}$、6$^{\#}$、7$^{\#}$、8$^{\#}$、9$^{\#}$、11$^{\#}$、12$^{\#}$、13$^{\#}$、14$^{\#}$级配方案中，最终计算出级配后的药浆黏度约 260 Pa·s。考虑到 4$^{\#}$级配方案中 $D_{50}$ 为 400 μm 的 HMX 将会带来炸药机械感度明显增大的负面作用，不宜选用。7$^{\#}$、8$^{\#}$中分别用 2 类和 5 类 HMX 与 5 μm 的 Al 粉级配，计算的药浆黏度均在适用范围内，因此将在后期工艺研究中进一步考察其级配方式。粒径范围对照国军标规定，确定 2 类 HMX、5 类 HMX 和 6 类 HMX 均适宜用于 HTPE 推进剂配方中；球形 Al 粉的粒径范围宜选用 5 μm 和 13 μm。

(2)药浆流变性能研究与模拟。在药浆流动理论研究的基础上，采用 Polyflow 软件对 HTPE 推进剂的浇注过程中药浆的流动特性进行了有限元模拟。

HTPE 推进剂流动曲线符合 cross 模型，表达式为

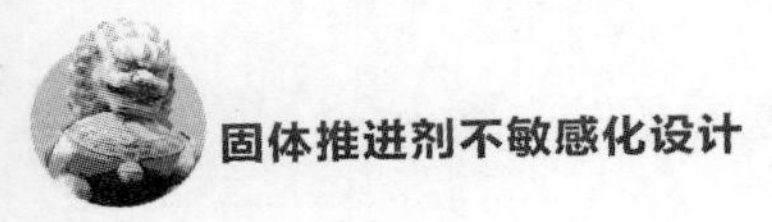


$$\eta = K \times \gamma^{n-1} \tag{4-20}$$

式中：$\eta$ 为黏度，单位 Pa·s；$K$ 为黏度系数；$\gamma$ 为剪切速率，单位 $s^{-1}$；$n$ 为剪切速率指数。

根据测试拟合结果得到 HTPE 推进剂流变曲线，如图 4－66 所示。

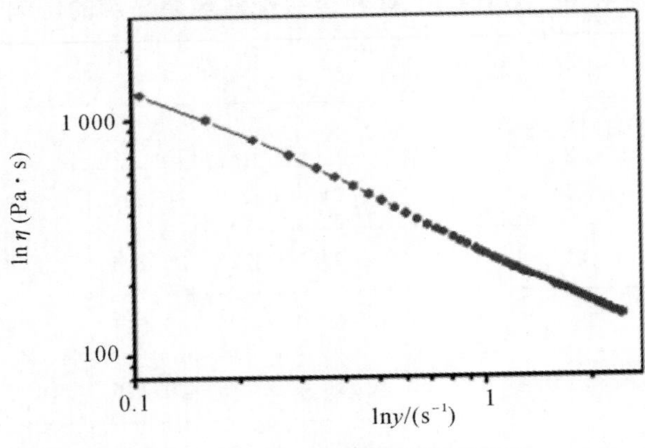


图 4－66　HTPE 推进剂流变曲线

通过拟合得到流变特性参数 $\eta(\dot{\gamma}=1)=283.9$ Pa·s；$n=0.406\ 1$；$K=273.9$。

将以上参数代入 Polyflow 软件，经过初始参数设置—模型建立—划分网格—设置边界条件—求解等过程，可得到填充时间、流动轨迹及速度矢量图等结果，其中浇铸过程如图 4－67 和图 4－68 所示，流动轨迹与速度矢量图如图 4－69 和图 4－70 所示。

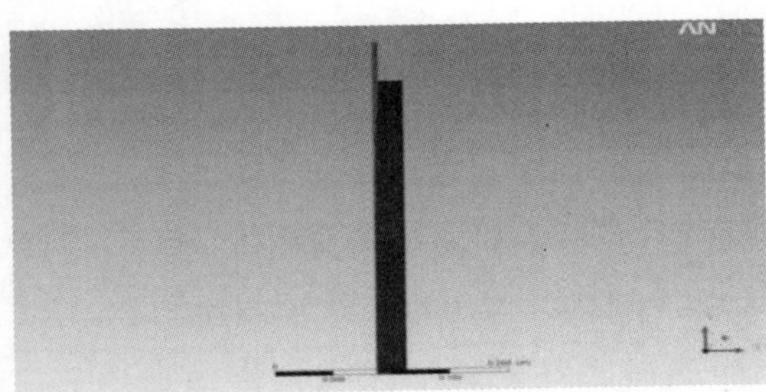

图 4－67　浇注开始

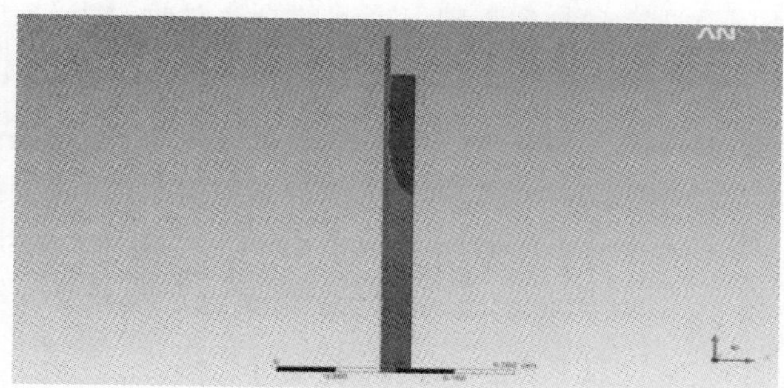

图 4-68 浇注过程

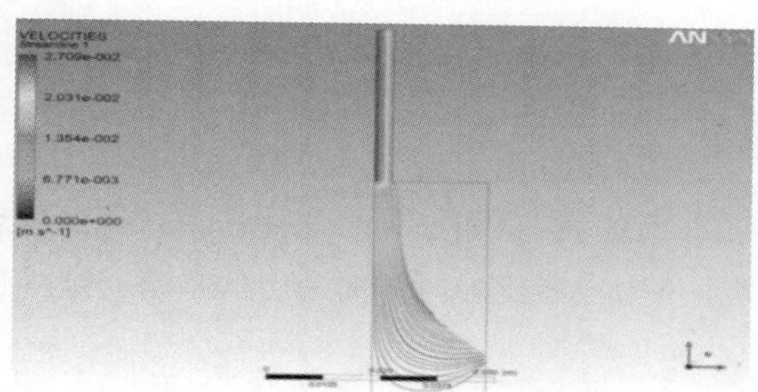


图 4-69 $t$=815 s时的流动轨迹线

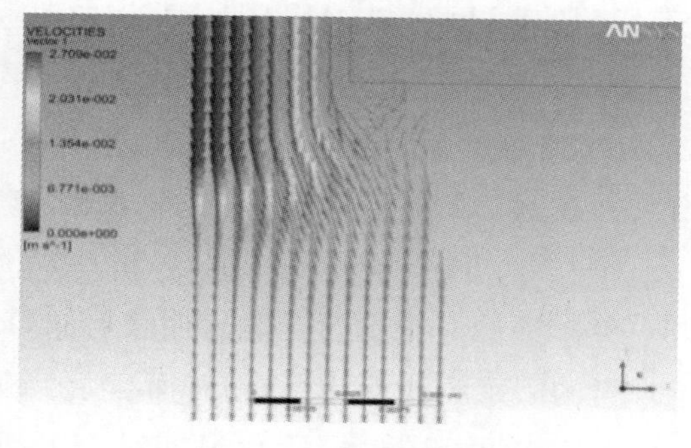


图 4-70 速度矢量图

模拟了30℃、35℃、40℃、45℃、50℃下，HTPE推进剂的浇注流动过程(按炸药总量30 kg计算)，得到不同温度下的浇注总时间为79 min、55 min、37 min、29 min、14 min，即药浆流动速率为0.38 kg/min、0.55 kg/min、0.80 kg/min、1.05 kg/min、2.09 kg/min。由流动速度矢量图可知，在40～45℃下，药浆流动速率为1 kg/min时，药浆流平性较好，因此，在实际工艺过程中可考虑选择40℃左右作为浇注温度。

通过以上研究，确定了HTPE推进剂配方的粒度级配和工艺温度，可根据工艺性能的好坏对HTPE推进剂的配方进行优化。

#### 4.3.2.4 HTPE推进剂力学性能研究

在HTPE推进剂的能量性能和工艺性能满足应用需求之后，面临的首要问题是推进剂的成型与力学性能的好坏。推进剂的力学性能成为决定推进剂能否应用的另一关键因素。

推进剂在使用过程中承受环境变化的影响，在制备过程中承受固化过程所产生的收缩应力，在运输过程中还受动态载荷的影响，因此其力学性能是否能承受发动机工作时的载荷(如点火时的冲击力、燃烧时燃烧室轴向压力、飞行惯性力、燃烧室压力以及旋转时的离心力等)，是判定推进剂能否应用的主要因素。

1. HTPE固化过程流变学研究

HTPE推进剂固化过程中的相转变和凝胶是流变测量的主要方面，凝胶点是黏合剂/固化剂固化过程中的关键参数，在凝胶点之后，黏合剂体系的粘度和模量迅速升高，且难以流动。HTPE/N100的粘度测量结果如图4－71所示。

由图4－71可知，在加热的条件下，HTPE/N100体系的复合粘度随时间的增加而显著增大。在起始阶段，尚未发生固化反应，体系复合粘度分别为1 316.06 mPa·s (60 ℃)、967.71 mPa·s(70 ℃)和516.06 mPa·s(80 ℃)，复合黏度由60～80℃递减。根据复合黏度曲线可知，HTPE/N100体系在60 ℃下，黏度与时间的关系为线性关系，相对而言，在70℃和80℃下黏度与时间的关系为非线性关系，由此可见，固化温度对HTPE/N100体系具有明显的影响，这在较长固化的时间下尤为明显。特别要说明的是，HTPE/

N100体系在70℃下复合黏度的增长速度较60℃和80℃增加得都快。通常来说，黏合剂固化时的黏度随着固化温度的增加而增加，然而，HTPE/N100体系在不同温度下具有不同寻常的黏度-时间曲线。因此，为探究此结果，分析了60℃、70℃和80℃下体系的储能模量和损耗模量。

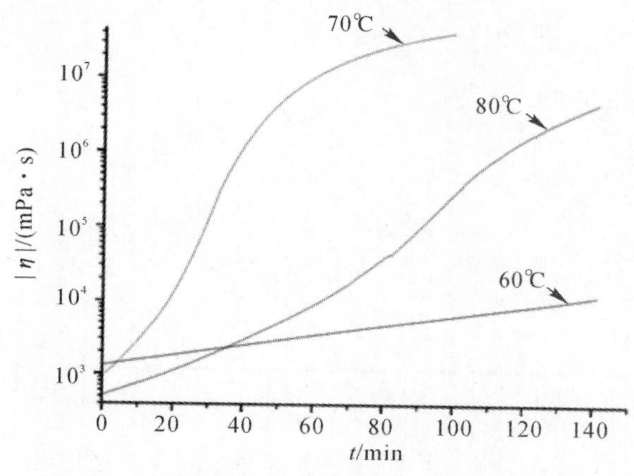


图4-71 不同温度下HTPE/N100体系的复合黏度

2. HTPE固化反应的储能模量和损耗模量研究

在固定的温度、振荡频率和振幅下测定动态储能模量($G'$)和损耗模量($G''$)是测量聚合物交联的主要方法。采用高分子红外流变仪研究了*HTPE*/*N*100体系的储能模量($G'$)和损耗模量($G''$)，结果如图4-72～图4-74所示。

由以上研究可知，在固化开始前HTPE/N100体系的储能模量和损耗模量都很低，然而，随着三维固化网络的形成，$G'$和$G''$迅速增加。$G'$和$G''$曲线的交点则为凝胶点，在凝胶点的时间称为凝胶时间($t_{gel}$)。在凝胶点之前，HTPE/N100体系损耗模量的曲线高于储能模量曲线，即样品的黏性大于其弹性。在凝胶点之后，HTPE/N100体系损耗模量的曲线低于储能模量曲线，意味着样品的弹性大于其黏性。HTPE/N100体系凝胶时间在60℃、70℃和80℃分别为253.31 min、32.99 min和94.97 min。可看出HTPE/N100体系在70℃下的固化速度高于60℃和80℃。这与复合黏度的测试结果一致。

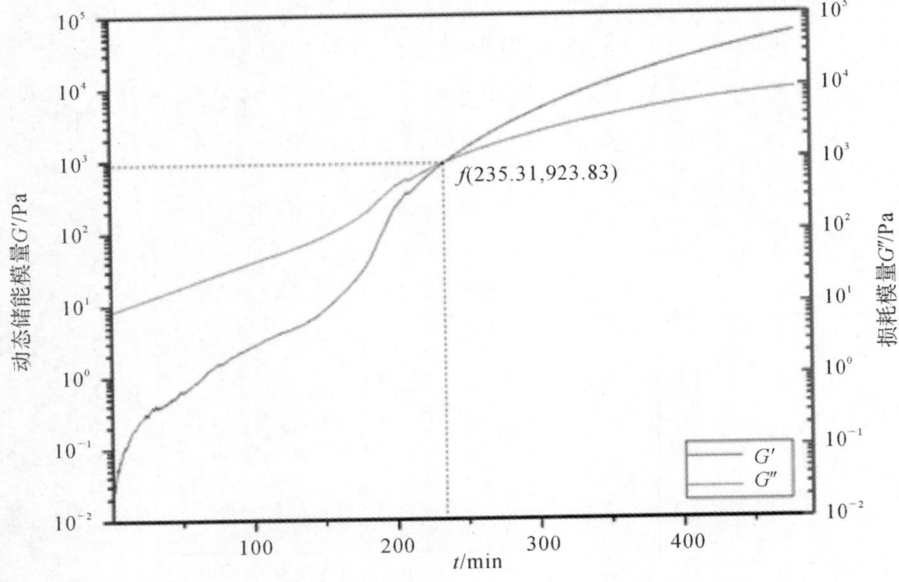


图 4-72　60℃下 HTPE/N100 体系的 $G'$ 和 $G''$ 曲线

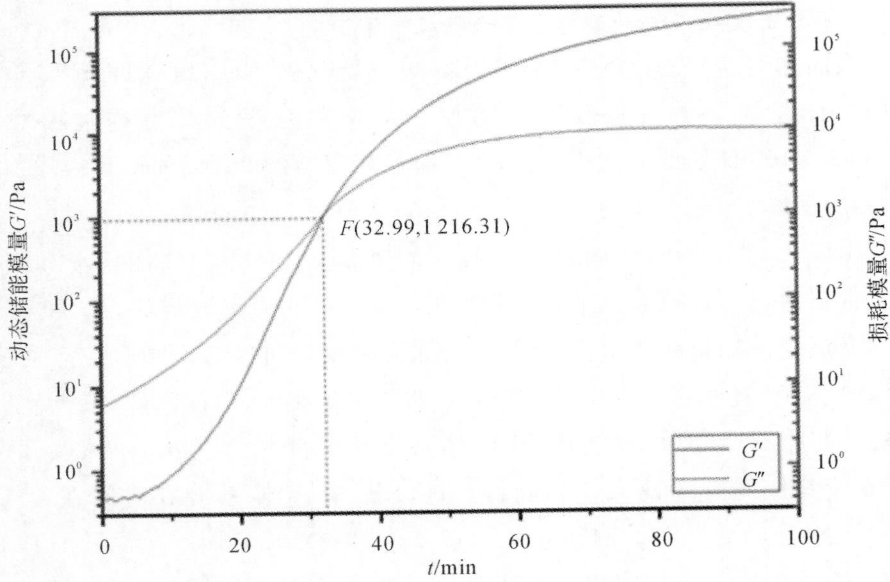


图 4-73　70℃下 HTPE/N100 体系的 $G'$ 和 $G''$ 曲线

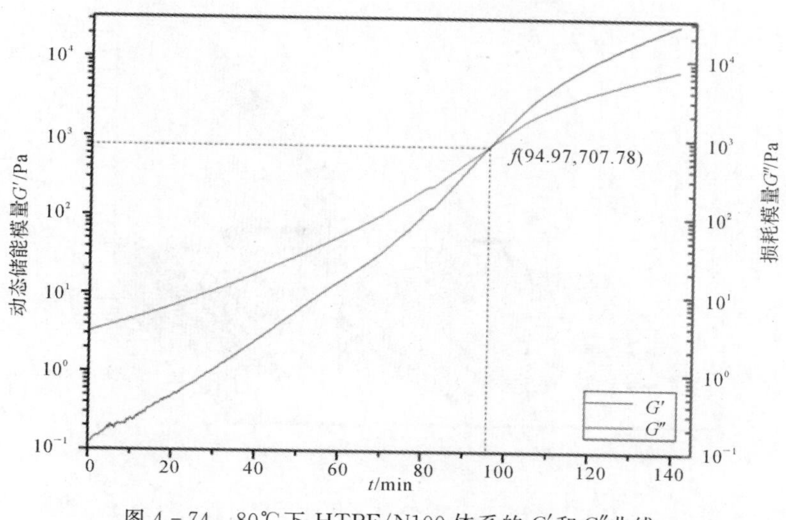


图 4-74　80℃下 HTPE/N100 体系的 $G'$ 和 $G''$ 曲线

3. HTPE 固化反应动力学研究

热固性聚合物的动力学研究对计算固化反应速率十分重要，采用 FT-IR 技术可通过监测反应物和产物的特征基团来计算反应的定量。采用高分子红外流变仪通过监测 HTPE/N100 的反应基团来研究其固化反应动力学参数。不同固化温度下 HTPE/N100 固化反应过程的红外光谱图如图 4-75～图 4-77 所示。

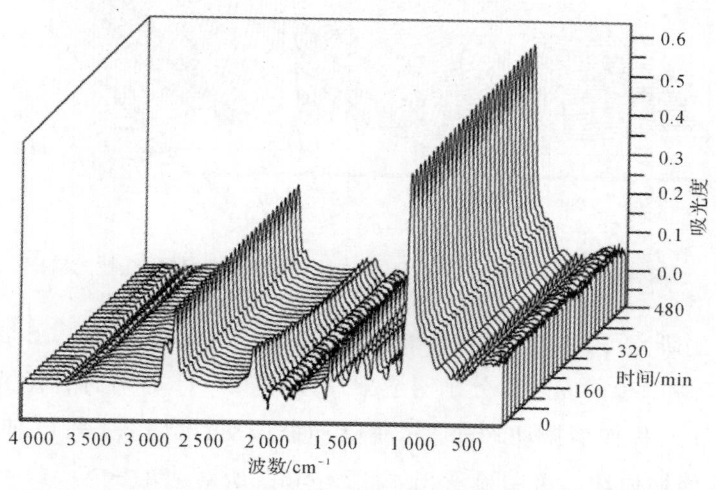


图 4-75　60℃下 HTPE/N100 体系固化反应过程的红外光谱图

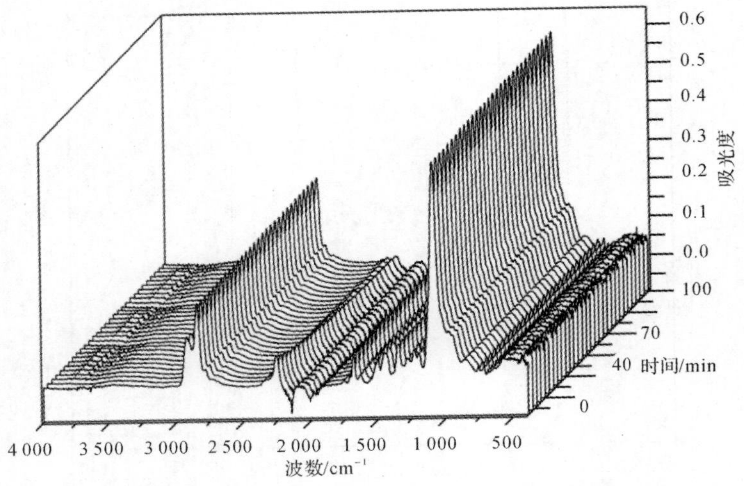


图 4-76　70℃下 HTPE/N100 体系固化反应过程的红外光谱图

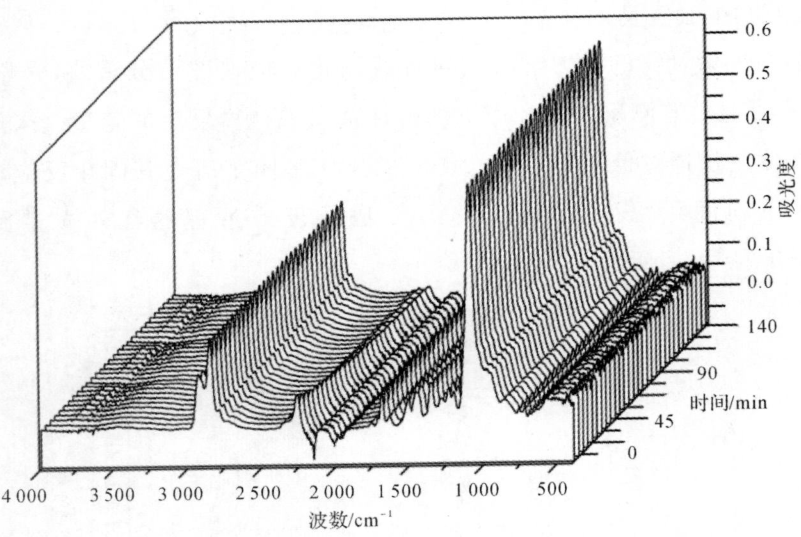


图 4-77　80℃下 HTPE/N100 体系固化反应过程的红外光谱图

由以上研究可知，红外特征峰为 2 935 $cm^{-1}$、2 855 $cm^{-1}$、2 270 $cm^{-1}$、1 695 $cm^{-1}$和 1 097 $cm^{-1}$，分别对应亚甲基中 C—H 非对称伸缩振动、亚甲基中 C—H 对称伸缩振动、—N=C=O 伸缩振动、尿烷基 C=O 伸缩振动和 C—O—C 伸缩振动。可明显看出，2 270 $cm^{-1}$所对应的—N=C=O 随固化

时间的延长而减少。

—N=C=O 基团的转化度可以用下式来计算，计算结果见表 4.31.

$$\alpha_t = \frac{A_0 - A_t}{A_0} \tag{4-21}$$

式中，$A_0$ 为 —N=C=O 基团初始面积，$A_t$ 为 —N=C=O 基团某一时刻的面积。—N=C=O 基团的转化度与时间的曲线如图 4-78 所示，其反应机理函数为

$$g(\alpha) = [1-(1-\alpha)^{1/3}]^2 \tag{4-22}$$

**表 4.31 不同温度下 HTPE/N100 体系 $[1-(1-\alpha)^{1/3}]^2$ 与时间的回归公式和相关系数(*r*)**

| $t$/℃ | 回归公式 | $r$ | $k$/$min^{-1}$ |
|---|---|---|---|
| 60 | $[1-(1-\alpha)^{1/3}]^2 = 7.170\,29\times10^{-5}t - 0.011\,64$ | 0.972 | $7.170\,29\times10^{-5}$ |
| 70 | $[1-(1-\alpha)^{1/3}]^2 = 3.905\,11\times10^{-4}t - 0.009\,9$ | 0.973 | $3.905\,11\times10^{-4}$ |
| 80 | $[1-(1-\alpha)^{1/3}]^2 = 6.238\,13\times10^{-5}t - 0.001\,75$ | 0.987 | $6.238\,13\times10^{-5}$ |

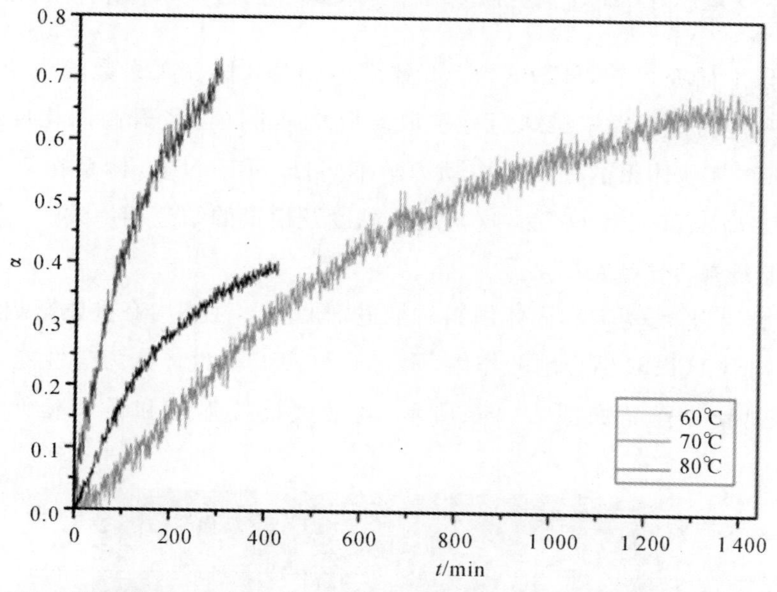


图 4-78 不同温度下 HTPE/N100 体系—N=C=O 基团的转化度与时间的关系曲线

不同温度下 HTPE/N100 体系 $[1-(1-\alpha)^{1/3}]^2$ 与时间的相关曲线和回归公式如图 4-79 所示。

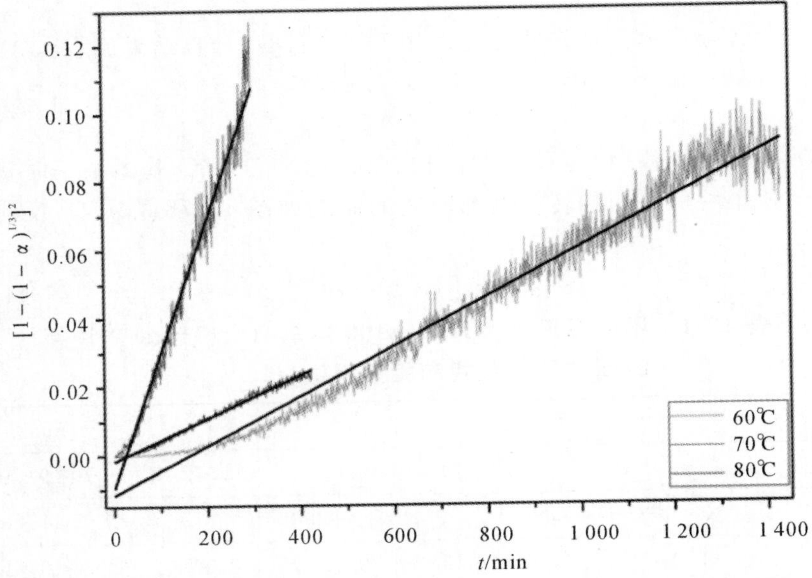


图 4-79　不同温度下 HTPE/N100 体系[1－(1－α)1/3]2 与时间的相关曲线

从以上研究可知，HTPE/N100 体系回归公式的相关系数均大于 0.97，其固化反应可能遵循三维球对称扩散模型。通常随温度升高固化反应速率加快，而与其他体系的固化反应动力学不同，HTPE/N100 体系在 70℃下的反应速率高于 80℃和 60℃。这与复合黏度及模量的结论相一致。

4. 推进剂力学性能研究

一般认为，增塑剂和固体填料对推进剂的力学性能均有重要影响。为探索增塑剂对 HTPE 黏合剂的作用，研究了 HTPE 弹性体的力学性能，HTPE 与增塑剂胶片样品如图 4-80 所示，其最大抗拉强度和最大延伸率见表 4.32。

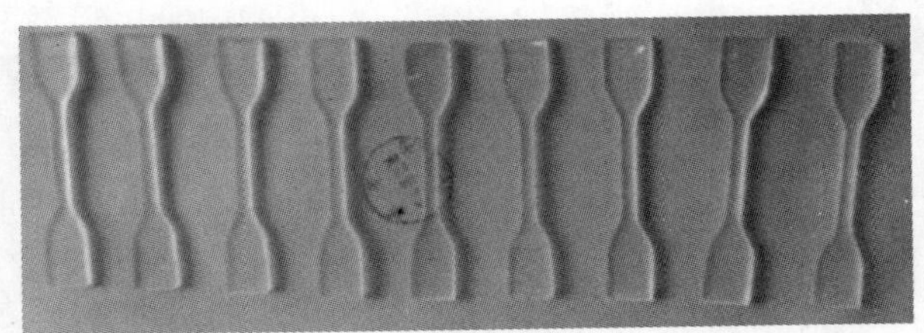

图 4-80　HTPE 与增塑剂胶片样品

表 4.32 HTPE/含能增塑剂弹性体配方与力学性能

| 样品 | 质量百分比/(%) | | | | 力学性能(25℃) | |
|---|---|---|---|---|---|---|
| | HTPE | NG/BTTN | BDNPA/BDNPF | Bu-NENA | $\sigma_m$/MPa | $\varepsilon_m$/(%) |
| HE-1 | 50 | 50 | — | — | 0.072 | 165.7 |
| HE-2 | 50 | — | 50 | — | 0.163 | 134.6 |
| HE-3 | 50 | — | — | 50 | 0.195 | 174.9 |

由表4.32可知,HTPE/含能增塑剂弹性体最大抗拉强度顺序为HE-3>HE-2>HE-1。试验研究的结果表明,含能增塑剂可以改善HTPE弹性体的力学性能。

分别考察AP基HTPE推进剂以及HMX基HTPE推进剂,为HTPE推进剂的应用研究提供技术基础,结果见表4.33。

表 4.33 HTPE推进剂的力学性能

| 配方号 | 抗拉强度/MPa | | | 延伸率/(%) | | |
|---|---|---|---|---|---|---|
| | -40℃ | 20℃ | 50℃ | -40℃ | 20℃ | 50℃ |
| AP-HTPE | 2.29 | 0.62 | 0.66 | 10.13 | 4.84 | 4.75 |
| HMX-HTPE | 1.21 | 0.41 | 0.40 | 84.4 | 10.99 | 9.41 |

AP-HTPE推进剂50℃强度为0.66 MPa,高于文献中HTPB推进剂的0.44 MPa,而低温延伸率为10.13%,低于HTPB推进剂的35%;HMX-HTPE推进剂20℃强度为0.62 MPa,延伸率为4.84%,低于文献中HTPB推进剂的20℃强度为0.75 MPa,延伸率为46%。因此,HTPE推进剂力学性能研究方面可考虑采用键合剂等方式提高推进剂强度并改善延伸率。

#### 4.3.2.5 推进剂基础配方确定

根据以上研究,综合平衡考虑HTPE推进剂能量与感度的因素,根据推进剂能量特性优良、工艺可行和力学性能满足使用要求的原则,确定了HTPE推进剂的基础配方见表4.34。

表 4.34 HTPE 推进剂基础配方

| HTPE/% | 增塑剂/% | AP/% | HMX/% | Al/% | 不敏感材料/% | 安定剂/% | 固化剂/% |
|---|---|---|---|---|---|---|---|
| 6～12 | 6～12 | 50～70 | 0～40 | 15～25 | 3～5 | 1.5～2.5 | 0.5～3 |

## 4.3.3 HTPE 推进剂不敏感特性研究

目前，武器设计者的首要目标是增加对目标的有效毁伤能力。但是，在武器弹药提高毁伤威力的同时，在其生产、运输、贮存和使用过程中对危险刺激也更加敏感，造成了严重的后果。特别在严酷的战场环境下，作为武器动力源的固体推进剂，其易损性对整个武器系统的易损性有着至关重要的影响。因此，研究固体推进剂不敏感特性，既有强烈的军事需求，也是固体推进剂技术发展的需要。

推进剂感度涉及到推进剂使用时的安全性，是判断推进剂安全性能的重要参数之一。推进剂感度主要有摩擦感度、撞击感度、热感度和静电感度等。

根据以上研究和工程经验，所设计的 HTPE 推进剂基础配方平衡了能量性能、力学性能和工艺性能等因素，但是否满足不敏感特性要求，能否通过美军标 MIL－STD－2105C 的七项试验，尚需试验检验。根据设计的基础配方，拟开展增塑剂、固体填料等对 HTPE 推进剂机械感度、静电感度、热感度等的影响研究，探索不敏感含能材料在 HTPE 推进剂中的应用研究，并参考美军标 MIL－STD－2105C 对 HTPE 推进剂进行不敏感特性检验，最终对 HTPE 推进剂进行配方优选。

### 4.3.3.1 HTPE 推进剂机械感度研究

1. 增塑剂对 HTPE 推进剂机械感度的影响

感度特性是 HTPE 推进剂研究中关注的重要性能，含能增塑剂是 HTPE 推进剂配方的主要组分，也是其机械感度的主要来源。以理论设计配方为基础，制备了 HTPE 推进剂，并研究了含能增塑剂对 HTPE 推进剂机械感度的影响，结果见表 4.35。

表 4.35 增塑剂对 HTPE 推进剂机械感度的影响

| 增塑剂 | 密度/($g \cdot cm^{-3}$) | 撞击感度($H_{50}$)/ cm | 摩擦感度/(%) |
| --- | --- | --- | --- |
| NG/BTTN | 1.810 | 32.6 | 96 |
| BDNPA/BDNPF | 1.735 | 93.3 | 24 |
| TEGDN | 1.726 | 120.2 | 4 |
| BuNENA | 1.767 | 120.2 | 0 |

研究表明，含能增塑剂对 HTPE 推进剂感度有显著影响，含 NG/BTTN 的 HTPE 推进剂能量最高(6.86 MPa 下比冲为 2 559 $N \cdot s \cdot kg^{-1}$)，感度最大，摩擦感度达 96%，撞击感度为 32.6 cm；含 Bu-NENA 的 HTPE 推进剂能量适中(6.86 MPa 下比冲为 2 506 $N \cdot s \cdot kg^{-1}$)，感度最低，摩擦感度达 0%，撞击感度为 120.2 cm。

2. 固体填料种类对 HTPE 推进剂机械感度的影响

固体填料在 HTPE 推进剂中可占到 70%～90%，是推进剂的主要组分。固体填料的种类对推进剂的机械感度有显著影响。研究不同固体填料的 HTPE 推进剂感度特性，结果见表 4.36。

表 4.36 固体填料种类对 HTPE 推进剂机械感度的影响

| 固体填料 | 密度/($g \cdot cm^{-3}$) | 撞击感度($H_{50}$)/ cm | 摩擦感度/(%) |
| --- | --- | --- | --- |
| AP | 1.829 | 39.8 | 48 |
| HMX | 1.758 | 92.3 | 16 |

研究可知，AP-HTPE 推进剂的摩擦/撞击感度低于文献报道的 AP-HTPB 推进剂(摩擦感度 96%，撞击感度 37.2 cm，HMX-HTPE 推进剂感度小于文献中硝铵类 HTPB 推进剂(摩擦感度 40%，撞击感度 24.5 cm)。含 HMX 的 HTPE 推进剂感度也低于含 AP 的 HTPE 推进剂感度。

3. 固体填料粒度对 HTPE 推进剂机械感度的影响

一般认为，固体填料粒度对推进剂的感度有显著影响，尤其当 AP 的粒度减小时，推进剂的机械感度大幅上升。研究 AP 的粒度对 HTPE 推进剂感度的影响，结果见表 4.37。

**表 4.37　固体填料粒度对 HTPE 推进剂机械感度的影响**

| 粒度比 | 撞击感度 $H_{50}$/cm | 摩擦感度/(%) |
|---|---|---|
| 1∶1 | 75.9 | 12 |
| 2∶1 | 95.5 | 16 |
| 5DWG11.783mml | 104.7 | 16 |

注：粒度比为 AP(40μ)/AP(1 μ)。

研究表明，AP 粒度对 HTPE 推进剂有较大影响，细 AP(1 μ)含量越多，推进剂感度越高，这可能是由于细 AP 分解速度较快，其受到外界刺激时更容易激发能量，因此感度较高。

#### 4.3.3.2　HTPE 推进剂静电火花感度研究

1. 增塑剂对 HTPE 推进剂静电火花感度的影响

一般认为，推进剂在制备、贮运、使用等过程中出现的安全事故大多由静电引起，而含能增塑剂对静电的感应程度极高。研究含能增塑剂对 HTPE 推进剂静电火花感度的影响，结果见表 4.38。

**表 4.38　增塑剂对 HTPE 推进剂静电火花感度的影响**

| 增塑剂 | 密度 $\frac{}{g\cdot cm^{-3}}$ | 静电火花感度 | | |
|---|---|---|---|---|
| | | 发火电压 $V_{50}$/kV | 50%发火能 $E_{50}$/mJ | 标准偏差 $S$/kV |
| NG/BTTN | 1.810 | 1.52 | 22.0 | 0.18 |
| BDNPA/BDNPF | 1.735 | 4.56 | 67.3 | 0.22 |
| TEGDN | 1.726 | 5.25 | 66.7 | 0.21 |
| Bu-NENA | 1.767 | 4.23 | 89.6 | 0.24 |

研究表明，含能增塑剂对 HTPE 推进剂静电感度有显著影响，其中，含 NG/BTTN 的 HTPE 推进剂发火能最低，为 22.0 mJ，而含 Bu-NENA 的

HTPE推进剂发火能最高，为89.6 mJ。不同增塑剂的静电火花感度从大到小依次为Bu-NENA > BDNPA/BDNPF > TEGDN > NG/BTTN。

2. 固体填料种类对HTPE推进剂静电火花感度的影响

研究表明，HMX、AP等HTPE推进剂主要组分对静电的相应程度较高，尤其在干燥和导电不良的情况下更加明显。研究HMX、AP对HTPE推进剂静电火花感度的影响，结果见表4.39。

**表4.39 固体填料种类HTPE推进剂静电火花感度的影响**

| 固体填料 | 密度/(g·cm$^{-3}$) | 静电火花感度 | | |
|---|---|---|---|---|
| | | 发火电压 $V_{50}$/kV | 50%发火能 $E_{50}$/mJ | 标准偏差 $S$/kV |
| AP | 1.829 | 2.61 | 34.1 | 0.13 |
| HMX | 1.758 | 4.23 | 89.6 | 0.24 |

研究结果可知：AP-HTPE推进剂的静电火花感度(34.1 mJ)高于文献报道的AP-HTPB推进剂(61.8 mJ)，可能是由于HTPE推进剂中AP的粒度较细(约为3～5μm)而导致的；HMX-HTPE推进剂静电火花感度(89.6 mJ)小于硝铵类HTPB推进剂(46.9 mJ)。

#### 4.3.3.3 HTPE推进剂热感度研究

1. 固体填料对HTPE推进剂热感度的影响

大量热分析的结果表明，固体填料在热作用下易发生分解而燃烧或爆炸。研究固体填料对HTPE推进剂热感度的影响，结果见表4.40。

**表4.40 固体填料HTPE推进剂热感度的影响**

| 推进剂 | 真空放气量/(mL·g$^{-1}$) | 5 s爆发点/℃ | 甲基紫变色时间/min |
|---|---|---|---|
| AP-HTPE | 0.19 | 328 | 173 |
| HMX-HTPE | 0.13 | 350 | 186 |

研究可知，两种 HTPE 推进剂的真空放气量较低，满足使用要求(小于 2 $mL \cdot g^{-1}$)，其中：AP－HTPE 推进剂放气量小于 HTPB 推进剂，HMX－HTPE 推进剂放气量远小于硝铵类 HTPB 推进剂(4.24 $mL \cdot g^{-1}$)；甲基紫变色时间较长，明显优于 DNTF－CMDB 推进剂(81 min)和 RDX－CMDB 推进剂(70 min)。

2. 含能增塑剂对 HTPE 推进剂热感度的影响

含能增塑中使 HTPE 推进剂发生分解甚至直接发生爆炸。含能增塑剂对 HTPE 推进剂热感度的影响结果见表 4.41。

**表 4.41　含能增塑剂对 HTPE 推进剂热感度的影响**

| 增塑剂 | 真空放气量/($mL \cdot g^{-1}$) | 5 s 爆发点/℃ | 甲基紫变色时间/min |
|---|---|---|---|
| NG/BTTN | 0.59 | 328 | 173 |
| BDNPA/BDNPF | 0.29 | 337 | 186 |
| TEGDN | 0.45 | >350 | 179 |
| BuNENA | 0.52 | >350 | 190 |

研究表明，增塑剂对 HTPE 推进剂热感度有较大影响，含 NG/BTTN 与 Bu－NENA 的 HTPE 推进剂放气量较大，这可能与其分子中所含的 $NO_2$ 含量较多有关，而含 TEGDN 与 Bu－NENA 的 HTPE 推进剂 5 s 爆发点均大于 350℃，表明其热稳定性较好。

#### 4.3.3.4　HTPE 推进剂易损性七项试验研究

在以上研究的基础上，优选出较为不敏感的 HTPE 推进剂配方，进行推进剂易损性研究，以分析影响 HTPE 推进剂易损性的主要因素，评估 HTPE 推进剂的易损性等级，最终优选出不敏感特性突出且能量特性、工艺性能与力学性能满足需求的 HTPE 推进剂配方。

1. 增塑剂对 HTPE 推进剂易损性的影响

(1)HTPE 推进剂快速烤燃试验研究。快烤试验模拟考核弹药库着火或舰船、飞机和车辆起火后武器装备及其部件在高温快速加热条件下发生响

应的敏感程度和剧烈程度。采用航空煤油作为火焰源，将测试固体推进剂装填至密闭的模拟弹壳体中，放置于燃烧槽体内进行火焰燃烧测试，试验测试过程中火焰温度至少在800℃以上。试验必须在有防护装置的靶场或野外空旷无人的地方进行，风力不大于3级。

根据以上与方法进行了HTPE推进剂的快速烤燃试验，试验结果见表4.42。

**表4.42 增塑剂对HTPE推进剂快速烤燃试验的影响**

| 增塑剂 | 试验现象 | 最高温度/℃ | 总反应时间/s | 试验结果 |
|---|---|---|---|---|
| NG/BTTN | 壳体完整，样品燃烧完全 | 892 | 81 | 燃烧 |
| Bu-NENA | 见证板变形，壳体完整，一个端盖鼓包，另一个端盖被剪切，无残药 | 829 | 95 | 燃烧 |
| DOS | 壳体完整，两个端盖鼓包 | 762 | 132 | 燃烧 |

由表4.42可看出，三种增塑剂的HTPE推进剂快速烤燃结果均为燃烧，NG/BTTN在反应过程中的温度最高，为892℃，反应时间最短；DOS的温度最低为762℃，反应时间最长。这表明含NG/BTTN的HTPE推进剂对快速烤燃最为敏感。

(2)HTPE推进剂慢速烤燃试验研究。固体推进剂慢速烤燃试验用于评估固体推进剂在生产、贮运、勤务处理及战场环境中经受缓慢热刺激时的响应特性。试验时将固体推进剂装于一定尺寸的用金属材料做成的模拟烤燃弹中，两端用金属端盖密封，在模拟烤燃弹外安装加热套，将模拟烤燃弹以一恒定升温速率从环境温度开始加热，一直到被测固体推进剂或弹药发生响应或温度达到400℃为止，以响应温度和烤燃弹壳体的变形状况评估其慢速烤燃特性。

根据以上试验步骤与方法进行了HTPE推进剂的慢速烤燃试验，试验结果见表4.43。

表 4.43　HTPB 推进剂和 HTPE 推进剂的慢速烤燃响应结果

| 增塑剂 | 试验现象 | 响应温度/℃ | 响应类型 |
| --- | --- | --- | --- |
| NG/BTTN | 构件壳体鼓胀撕开，飞出约 45 m 距离，端盖脱落未见 | 165.0 | 爆炸 |
| Bu－NENA | 发生燃烧 | 190.5 | 燃烧 |
| DOS | 两端盖剪切，壳体完整且无变形 | 204.5 | 燃烧 |

从慢烤试验结果可以看到，含 NG/BTTN 的推进剂比含 DOS 的推进剂的响应程度剧烈，为爆炸现象，而含 Bu－NENA 和 DOS 的推进剂为燃烧，且含 DOS 的推进剂相应温度更高，约为 204.5℃。

(3) HTPE 推进剂 12.7 mm 子弹撞击试验研究。使用 12.7 mm 穿甲燃烧弹射击带壳体的固体推进剂试样，在子弹的高速撞击及摩擦等因素作用下，机械能迅速转化为热能，固体推进剂受热可能发生分解甚至点火、燃烧或爆炸反应。通过观察试验现象、回收样品残骸、观察见证板状态和测量冲击波超压，并经综合分析，确定试样的响应等级。

根据以上试验步骤与方法进行了 HTPE 推进剂的子弹撞击试验，试验结果见表 4.44。

表 4.44　推进剂子弹撞击试验结果

| 增塑剂 | 试验现象 | 试验结果 |
| --- | --- | --- |
| NG/BTTN | 发生剧烈燃烧，壳体完全碎裂 | 爆燃 |
| Bu－NENA | 无反应，见证板完好，壳体撕裂，有残药 | 无反应 |
| DOS | 无反应，有大量残药，壳体被子弹撕裂，见证板完好，沿 190°方向飞出约 2 m | 无反应 |

由表 4.44 可以看出，含 NG/BTTN 的 HTPE 推进剂子弹撞击结果为剧烈燃烧，而含 Bu－NENA 和 DOS 的 HTPE 推进剂在子弹撞击后均未发生燃烧或爆炸。根据 12.7 mm 子弹撞击的判据可知，含 NG/BTTN 的 HTPE 推进剂未通过该项试验，含 Bu－NENA 和 DOS 的 HTPE 推进剂则为通过考核。

(4)HTPE推进剂殉爆试验研究。殉爆性能是指主发固体推进剂装药产生爆轰引发邻近装药发生反应的响应程度，如完全爆轰、部分爆轰、爆炸、爆燃、燃烧等。要确保主发固体推进剂装药产生爆轰，试验必须在有防护装置的靶场或试验场进行。

HTPE推进剂试样殉爆试验结果见表4.45。

**表4.45 殉爆试验结果**

| 增塑剂 | 试验现象 | 试验结果 |
|---|---|---|
| NG/BTTN | 被发弹一发部分爆燃，一发爆炸 | 爆炸和爆燃 |
| Bu-NENA | 主发药爆炸，被发壳体发生燃烧 | 燃烧 |
| DOS | 主发药爆炸，被发壳体变形，一端开口，残药在管中燃烧，见证板无变化 | 燃烧反应 |

由表4.45可知，含NG/BTTN的HTPE推进剂发生爆燃，而含Bu-NENA和DOS的HTPE推进剂均为燃烧。由殉爆试验判据可知，含NG/BTTN的HTPE推进剂的被发弹发生爆炸或爆燃，未通过该项试验考核。含Bu-NENA和DOS的HTPE推进剂的殉爆试验结果仅为燃烧，通过考核。

(5) HTPE推进剂射流撞击试验研究。在受到射流撞击时，由于射流为高温、高速的金属粒子流，固体推进剂会受到冲击、点火等作用而发生响应，而通过见证板、超压等手段可以对固体推进剂的响应程度进行表征，从而判断固体推进剂在射流撞击条件下的安全性。

HTPE推进剂试样射流撞击试验结果见表4.46。

**表4.46 射流撞击试验结果**

| 增塑剂 | 试验现象 | 试验结果 |
|---|---|---|
| NG/BTTN | 底见证板均有一个直径在50～70 mm(径向)之间或160 mm左右(轴向)的孔洞，并且弯曲严重，未发现壳体残片 | 爆轰 |
| Bu-NENA | 现场捡到3块碎片，还捡到约60mm长药柱及小块残药，见证板未见明显变化 | 爆燃 |
| DOS | 底见证板有射流穿孔 | 爆燃 |

由表 4.46 可知，含 NG/BTTN 的 HTPE 推进剂试样结果为爆轰，而含 Bu - NENA 和 DOS 的推进剂射流撞击试验响应类型为爆燃，均未发生爆轰现象，通过了射流撞击试验。由射流试验判据可知，含 NG/BTTN 的 HTPE 推进剂发生爆轰或爆炸，未通过该项考核。含 Bu - NENA 和 DOS 的推进剂为爆燃，通过考核。

(6) HTPE 推进剂热碎片撞击试验研究。在射流撞击钢板时，钢板和射流的共同作用，会形成不同规格的温度较高的碎片，固体推进剂受到其作用时往往容易发生响应，而通过见证板、超压等手段可以对固体推进剂的在热碎片撞击条件下的响应程度进行表征，从而判断固体推进剂在热碎片撞击条件下的易损性。

利用空心装药射流源撞击特种钢产生热碎片，击中 HTPE 推进剂试样，试验结果见表 4.47。

**表 4.47　热碎片试验结果**

| 增塑剂 | 试验现象 | 试验结果 |
|---|---|---|
| NG/BTTN | 壳体完全撕裂，发生明显燃烧 | 燃烧 |
| Bu - NENA | 壳体上有一个 $\Phi4$ 的穿透孔和多个孔穴，药柱上有一个燃烧后形成的 $\Phi8\sim\Phi10$、深 4～5 mm 的凹陷 | 微量燃烧 |
| DOS | 壳体外有多个 $\Phi3\sim\Phi5$ 的孔穴，样品未反应 | 未反应 |

由表 4.47 可知，含 NG/BTTN 的 HTPE 推进剂发生明显燃烧，未通过该项试验考核。含 Bu - NENA 的 HTPE 推进剂仅发生微量燃烧，形成燃烧凹陷，可认为通过了该项试验。含 DOS 的 HTPE 推进剂样品仅被击穿，形成相应的孔洞，未发生燃烧和爆炸等剧烈反应，通过了该项试验的考核。

(7) 12.7 mm 破片撞击试验研究。使用 12.7 mm 圆锥形破片撞击带壳体的固体推进剂试样，在破片的高速撞击及摩擦等因素作用下，机械能迅速转化为热能，固体推进剂受热可能发生分解甚至点火、燃烧或爆炸等反应。通过观察试验现象、回收样品残骸、观察见证板状态和测量冲击波超压，并经综合分析，确定试样的响应等级。

推进剂破片撞击试验破片速度为1 830 m/s±60 m/s，HTPE推进剂破片撞击试验响应结果见表4.48。

**表4.48 破片撞击试验结果**

| 增塑剂 | 试验现象 | 试验结果 |
|---|---|---|
| NG/BTTN | 壳体完全碎裂，发生爆炸 | 爆炸 |
| Bu-NENA | 见证板完好，壳体裂成较大块，有大块残药存在 | 部分燃烧 |
| DOS | 见证板完好，壳体裂成较大块，有长度为原样品1/2的大块残药存在 | 部分燃烧 |

在破片撞击的强烈刺激下，含NG/BTTN的HTPE推进剂发生爆炸，未通过试验考核。含Bu-NENA和DOS的推进剂壳体碎裂，有大块残药存在，仅发生部分燃烧，通过该试验考核。

2.固体组分对HTPE推进剂易损性的影响

固体组分是HTPE推进剂的主要组分，也是该推进剂易损性的主要影响因素之一，考察了固体组分对HTPE推进剂易损性的影响，研究了快速烤燃、慢速烤燃和子弹撞击试验。

(1) HTPE推进剂快速烤燃试验研究。HTPE推进剂的快速烤燃试验结果见表4.49。

**表4.49 HTPE推进剂快速烤燃试验结果**

| 样 品 | 最高温度/℃ | 总反应时间/s | 试验结果 |
|---|---|---|---|
| HMX推进剂 | 892 | 97 | 燃烧反应 |
| AP推进剂 | 834 | 81 | 燃烧 |

由表4.49可看出，含HMX和AP的HTPE推进剂在快速烤燃的条件下均产生燃烧反应，根据快速烤燃判据，通过了该项试验考核。

(2) HTPE推进剂慢速烤燃试验研究。根据以上试验步骤与方法进行了HTPE推进剂的慢速烤燃试验，结果见表4.50。

表 4.50 HTPB 推进剂和 HTPE 推进剂的慢速烤燃响应结果

| 样　品 | 响应时间/min | 响应温度/℃ | 试验结果 |
|---|---|---|---|
| HMX 推进剂 | 168 | 191.4 | 燃烧 |
| AP 推进剂 | 128 | 170.2 | 燃烧 |

从表 4.50 可以看到，含 HMX 和 AP 的 HTPE 推进剂在慢速烤燃条件下均为燃烧反应，含 AP 的 HTPE 推进剂响应温度较低，为 170.2℃。含 HMX 的 HTPE 推进剂相应温度较高，为 191.4℃。可能由于 AP 的分解温度较低，在慢速烤燃的条件下首先发生分解，进而引燃了推进剂其他组分。

(3) HTPE 推进剂 12.7 mm 子弹撞击试验研究。HTPE 推进剂的子弹撞击试验结果见表 4.51。

表 4.51　推进剂子弹撞击试验结果

| 样　品 | 试验现象 | 结果 |
|---|---|---|
| HMX 推进剂 | 无反应，有大量残药，壳体被子弹撕裂，见证板完好 | 无反应 |
| AP 推进剂 | 无反应，见证板完好，壳体撕裂，有残药 | 无反应 |

从表 4.51 可以看出，含 HMX 和 AP 的 HTPE 推进剂在 12.7 mm 子弹撞击的情况下均未发生燃烧或爆炸反应，根据子弹撞击试验判据，这两种推进剂通过了该项试验考核。

大量试验表明，HTPE 推进剂不敏感化不是单一因素所致，其 HTPE 不敏感黏合剂、不敏感增塑剂、不敏感填料以及不敏感复合材料应配合使用才能达到较好的不敏感效果。

## 参考文献

[1] HUANG H, SHI Y, YANG J. Thermal characterization of the promising energetic material TKX－50[J]. Journal of Thermal Analysis & Calorimetry, 2015, 121(2):705－709.

[2] 许诚，张敏，赵娟，等.重结晶工艺对1,1′-二羟基-5,5′-联四唑二羟胺盐热性能和机械感度的影响[J]. 含能材料，2017,25(5):409-412.

[3] 毕福强，葛忠学，孙序东，等. 1,1′-二羟基-5,5′-联四唑二羟胺盐和CMDB推进剂组份的相容性[J]. 含能材料，2014(5):716-718.

[4] 王琼，蔚红建，李吉祯，等. 偶氮四唑三氨基胍盐与推进剂组份的相容性[J]. 含能材料，2010,18(6):689-693.

[5] LI J，FAN X，FAN X，et al. Compatibility study of 1，3，3-trinitroazetidine with some energetic compounds and inert materials [J]. Thermal Analysis and Calorimetry，2006，85(3):779-784.

[6] YAN Q，LI X，ZHANG L，et al. Compatibility study of trans-1,4,5,8-tetraazadecalin (TNAD) with some energetic components and inert materails[J]. Hazardous Materials，2008，160:529-534.

[7] 徐抗震，赵凤起，任莹辉，等. 3,6-二肼基-1,2,4,5-四嗪的热行为、比热容及绝热致爆时间[J]. 物理化学学报，2009,25(2):309-313.

[8] 张腊莹，刘子如，衡淑云，等. ADN与硝胺氧化剂的相互作用[J]. 固体火箭技术，2007，30(6)：518-520.

[9] 张琼方，张教强. 不敏感固体推进剂的研制与进展[J]. 含能材料，2004，12(6)：371-375.

[10] 闫大庆，徐丹丹，师经国. 固体推进剂黏合剂HTPE研究及其分子设计思想概述[J]. 固体火箭技术，2010，32(6)：644-649.

[11] 付小龙. HTPE推进剂钝感特性及其机理研究[D]. 西安：西安近代化学研究所，2016.

[12] RICE B M，SAHU S，OWENS F J. Density functional calculations of bond dissociation energies for $NO_2$ scission in some nitroaromatic molecules[J]. Journal of Molecular Structure Theochem，2002，583 (s 1-3)：69-72.

[13] Z. CHAOYANG，S. YUANJIE，H. YIGANG，et al. Investigation of correlation between impact sensitivities and nitro group charges in nitro compounds[J]. Journal of Physical Chemistry B，2005，109 (18)：8978-8982.

[14] D MATHIEU. Theoretical shock sensitivity index for explosives[J]. Journal of Physical Chemistry A, 2012, 116(7): 1794 - 1800.

[15] Z CHAOYANG. Investigation on the correlation between the interaction energies of all substituted groups and the molecular stabilities of nitro compounds[J]. Journal of Physical Chemistry A, 2006, 110(51): 14029 - 14035.

[16] 杜军良，舒远杰，周阳，等. 一种表征芳香族炸药撞击感度的简单方法[J]. 含能材料，2008，16(6)：766 - 767.

[17] ZEMAN S, KRUPKA M. New aspects of impact reactivity of polynitro compounds, Part Ⅲ. Impact sensitivity as a function of the imtermolecular interactions [J]. Propellants Explosives Pyrotechnics, 2003, 28(6): 301 - 307.

[18] 刘子如，岳璞，任晓宁，等. 热爆发活化能研究[J]. 火炸药学报，2012，34(6)：58 - 63.

[19] Z. CHAOYANG, W. XIAOCHUAN, H. HUI. π - stacked interactions in explosive crystals: Buffers against external mechanical stimuli[J]. Journal of the American Chemical Society, 2008, 130 (26): 8359 - 8365.

[20] N. H. MARCH. The role of the bond midpoint electron density in homonuclear molecular binding [J]. International Journal of Quantum Chemistry, 2004, 52(1): 247 - 265.

[21] P. POLITZER AND J. S. Murray. Relationships between dissociation energies and electrostatic potentials of C - NO 2 bonds: applications to impact sensitivities [J]. Journal of Molecular Structure, 1996, 376(1): 419 - 424.

[22] 唐秋凡，屈蓓，李吉祯，等. 不同 TMETN/NG 配比对 CMDB 推进剂塑化特性的影响，火炸药学报，2018，41(5)：489 - 495.

[23] QIUFAN TANG, XUEZHONG FAN, JIZHEN LIA, et al. Experimental and theoretical studies on stability of new stabilizers for N - methyl - P - nitroaniline derivative in CMDB propellants[J],

Journal of Hazardous Materials, 2017,327:187 - 196.

[24] FU X L, FAN X Z, WANG B Z, et al. Thermal behaviour, decomposition mechanism and thermal safety of 5,7 - diamino - 4,6 - dinitrobenzenfuroxan (CL - 14) [J]. Journal of Thermal Analysis and Calorimetry, 2015:1 - 9.

[25] 付小龙，樊学忠，张伟，等. 端环氧聚丁二烯与固体填料之间表界面性能的研究[J]. 中国胶粘剂，2015(7):22 - 25.

[26] 曾甲牙. 固体填充剂对推进剂力学性能的影响[J]. 固体火箭技术，2002, 25(1): 46 - 50.

[27] 郭翔，张小平，张炜. 拉伸速率对 NEPE 推进剂力学性能的影响[J]. 固体火箭技术，2007, 30(4): 321 - 323.

[28] 张昊，彭松，庞爱民，等. NEPE 推进剂力学性能与化学安定性关联老化行为及机理[J]. 推进技术，2007, 28(3): 327 - 332.

[29] 杜美娜，罗运军. RDX 粒径和表面能对 HTPB 推进剂力学性能的影响[J]. 含能材料，2008, 16(4): 441 - 445.

[30] 陈晓明，郑林，赵瑛. HTPB 推进剂模压成型工艺探索[J]. 固体火箭技术，2013, 36(06): 795 - 798.

[31] 苏昌银，张淑君，张爱科. 微铝含量推进剂配方与刮涂成型装药工艺[J]. 固体火箭技术，1999(2): 33 - 36.

[32] 孙铁刚，蔚红建，陈雪莉，等. 高压平台浇铸无烟改性双基推进剂综合性能研究[J]. 火炸药学报，1998(4):6 - 8.

[33] LEE D H, KIM K T, JUNG H, et al. Characterization of 1, 2, 3 - triazole crosslinked polymers based on azide chain - ends prepolymers and a dipolarophile curing agent as propellant binders: The effect of a plasticizer [J]. Journal of the Taiwan Institute of Chemical Engineers, 2014,45(6):3110 - 3116.

[34] H. Y. ZAIN - UL - ABDIN, L. WANG, M. SALEEM, et al. Synthesis, anti - migration and burning rate catalytic mechanism of ferrocene - based compounds[J]. Applied Organornetallic chemistry, 2014,28(8):567 - 575.

[35] C. D. WANG, Y. J. LUO AND M. XIA. Synthesis of HTPE and properties of HTPE Elastomers[J]. Chinese Journal of Energetic Materials, 2011,19(05):518－522.

[36] K.－Z. MAO, M. XIA, Y.－J. LUO, et al. Effect of curing agent types on properties of htpe polyurethane elastomer films[J]. Chinese Journal of Explosives & Propellants, 2012,35(01):55－58.

[37] C.－D. WANG, Y.－J. LUO, M. XIA, et al. Synthesis and characterization of hydroxyl－terminated block copolyether of PTHF－PEO－PTHF[J]. Journal of Solid Rocket Technology, 2011,34(02):202－206.

[38] 黄辉，王泽山，黄亨建，等. 新型含能材料的研究进展[J]. 火炸药学报，2005，28(4)：9－13.

[39] 唐秋凡，樊学忠，李吉祯，等. 双基系固体推进剂热安定性及安定机理研究进展[J]，火炸药学报，2015，38(4)：5－12.

[40] 郑伟，王江宁，韩芳，等. DNTF－CMDB推进剂的化学安定性[J]. 火炸药学报，2010，33(4)：10－13.

[41] 李健，杨延清，罗贤，等. 分子动力学模拟在复合材料界面研究中的进展[J]. 稀有金属材料与工程，2013，42(3):644－648.

[42] 贾海鹏，苏勋家，侯根良，等. 石墨烯/聚苯胺纳米复合材料界面相互作用的分子动力学模拟[J]. 化工学报，2013，64(5):1862－1868.

[43] 夏璐，陈松，陆建生，等. 分子动力学模拟用贵金属势函数的应用与发展[J]. 贵金属，2013(4)：82－90.

[44] 郭昕，南海，齐晓飞，等. RDX和HMX晶体力学性能的分子动力学模拟及其撞击加载响应[J]. 含能材料，2013(4)：485－489.

[45] 惠治鑫，贺鹏飞，戴瑛，等. 硅功能化石墨烯热导率的分子动力学模拟[J]. 物理学报，2014(7)：184－190.

[46] 万丽华，梁德青，关进安. 烃类水合物导热特性的分子动力学模拟[J]. 化工学报，2014(3)：792－796.

[47] 郭俊贤，王波，杨振宇. 石墨烯/Cu复合材料力学性能的分子动力学模拟[J]. 复合材料学报，2014，31(1)：152－157.

[48] 齐晓飞，张晓宏，李吉祯，等. NC/NG共混体系的分子动力学模拟

研究[J]. 兵工学报，2013，34(1)：93 - 99.

[49] 樊学忠，王晗，李吉祯，等. 高能浇铸 AP/Al/CMDB 推进剂的制备和性能[J]，火炸药学报，2012，35(5)：58 - 64.

[50] 刘海，李启楷，何远航. CL20 - TNT 共晶高温热解的 ReaxFF/lg 反应力场分子动力学模拟[J]. 物理学报，2013，20：2082021 - 2082029.

[51] 王君，郭峰，程新路，等. TATB 高温高压下初始分解反应的分子动力学模拟[J]. 四川大学学报：自然科学版，2013，50(3)：580 - 584.

[52] Xiao - long Fu, Xue - zhong Fan, Xue - hai Ju, et al. Molecular dynamic simulations on the interaction between an HTPE polymer and energetic plasticizers in a solid propellant[J]. RSC Advances, 2015, 5:52844 - 52851.

[53] XIAOLONG FU, XIANGYU LIU, PANPAN SUN, et al. A new family of insensitive energetic copolymers composed of nitro and nitrogen - rich energy components Structure, physicochemical property and density functional theory[J]. Journal of Analytical and Applied Pyrolysis, 2015, 114:79 - 90.

[54] S. S. JAWALKAR, S. G. ADOOR, M. SAIRAM, et al. Molecular modeling on the binary blend compatibility of poly (vinyl alcohol) and poly (methyl methacrylate): an atomistic simulation and thermodynamic approach[J]. The Journal of Physical Chemistry B, 2005, 109(32): 15611 - 15620.

[55] 兰艳花，刘亚青，付一政. HTPB 与增塑剂相容性评价的分子动力学模拟[J]. 含能材料，2010(1)：42 - 46.

[56] 赵贵哲，冯益柏，付一政，等. 端羟基聚丁二烯/增塑剂共混物相容性的分子动力学模拟和介观模拟[J]. 化学学报，2009，67(19)：2233 - 2238.

[57] L. XU, T. T. TSOTSIS AND M. SAHIMI. Statistical mechanics and molecular simulation of adsorption of ternary gas mixtures in nanoporous materials[J]. Journal of Chemical Physics, 2001, 114 (16): 7196 - 7210.

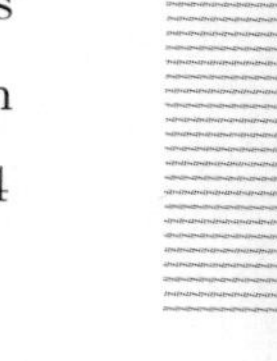

[58] N. ZULUMYAN, A. MIRGORODSKI, A. ISAHAKYAN, et al. The mechanism of decomposition of serpentines from peridotites on heating[J]. Journal of Thermal Analysis & Calorimetry, 2014, 115 (2): 1003 - 1012.

[59] 李吉祯，樊学忠，刘小刚. AP和铝粉对AP - CMDB推进剂燃烧性能的影响[J]. 火炸药学报，2008，31(4):61 - 63.

[60] 李吉祯，樊学忠，郑晓东，等. 水杨酸金属衍生物对AP - CMDB推进剂燃烧性能和热行为的影响[J]，火炸药学报，2008，31(2):43 - 45..

[61] J. Q. ZHANG, H. X. GAO, T. Z. JI, et al. Non - isothermal decomposition kinetics, heat capacity and thermal safety of 37.2/44/16/2.2/0.2/0.4 - GAP/CL - 20/Al/N - 100/PCA/auxiliaries mixture [J]. Journal of Hazardous Materials, 2011, 193(5): 183 - 187.

[62] P. GAŁKA, J. KOWALONEK, H. KACZMAREK. Thermogravimetric analysis of thermal stability of poly(methyl methacrylate) films modified with photoinitiators[J]. Journal of Thermal Analysis & Calorimetry, 2014, 115(2): 1387 - 1394.

[63] S. GUO, W. WAN, C. CHEN, et al. Thermal decomposition kinetic evaluation and its thermal hazards prediction of AIBN[J]. Journal of Thermal Analysis & Calorimetry, 2013, 113(3): 1169 - 1176.

[64] 赵玖玲，强洪夫. 基于粘附功的复合推进剂AP/基体界面损伤宏细观仿真[J]. 固体火箭技术，2011，34(5)：614 - 618.

[65] 付小龙，樊学忠，张伟，等. 端环氧聚丁二烯与固体填料之间表界面性能的研究[J]. 中国胶粘剂，2015(7)：22 - 25.

[66] 常武军，鞠玉涛，王蓬勃. HTPB推进剂脱湿与力学性能的相关性研究[J]. 兵工学报，2012，32(3)：261 - 266.

[67] 张伟，樊学忠，封利民，等. 少烟NEPE推进剂的表面和界面性能[J]. 火炸药学报，2009，32(3)：41 - 45.

[68] Y. ZHANG, F. CHEN, W. LIU, et al. Rheological behavior of the epoxy/thermoplastic blends during the reaction induced phase

separation[J]. Polymer, 2014, 55(19): 4983 - 4989.

[69] R. GU, B. MU AND K. GUO. Rheological model of konjak powder - chitosan - polyvinyl alcohol blending adhesive[J]. Transactions of the Chinese Society of Agricultural Engineering, 2014, 30(1): 278 - 284.

[70] M. KALAEE, H. MAHDAVI, M. H. N. FAMILI. Preparation of synthesized sulfide polymer through phase - transfer catalyzed polycondensation of ethylene dibromide and sodium tetrasulfide: characterization, thermal and rheological properties[J]. Journal of Sulfur Chemistry, 2014(ahead - of - print): 1 - 9.

[71] Q. ZHANG, X. HUANG, X. WANG, et al. Rheological study of the gelation of cross - linking polyhedral oligomeric silsesquioxanes (POSS)/PU composites[J]. Polymer, 2014, 55(5): 1282 - 1291.

[72] L. LI, C. MIESCH, P. SUDEEP, et al. Kinetically trapped co - continuous polymer morphologies through intraphase gelation of nanoparticles[J]. Nano letters, 2011, 11(5): 1997 - 2003.

[73] S. KANDPAL, A. SAXENA. Studies on the synthesis and reaction of silicone oxirane dendrimer and their thermal and rheological properties[J]. European Polymer Journal, 2014, 58: 115 - 124.

[74] A. Y. MALKIN, A. ARINSTEIN, V. KULICHIKHIN. Polymer extension flows and instabilities[J]. Progress in Polymer Science, 2014, 39(5): 959 - 978.

[75] Y. - H. CHANG AND K. - F. LIN. Physisorption of ionic salts to carbon nanotubes for enhancing dispersion and thermomechanical properties of carbon nanotube - filled epoxy resins[J]. Composites Science and Technology, 2014, 90: 174 - 179.

[76] J. XU, W. SHI, W. PANG. Synthesis and shape memory effects of Si - O - Si cross - linked hybrid polyurethanes[J]. Polymer, 2006, 47(1): 457 - 465.

[77] A. MONTEMBAULT, C. VITON, A. Domard. Rheometric study of the gelation of chitosan in aqueous solution without cross - linking

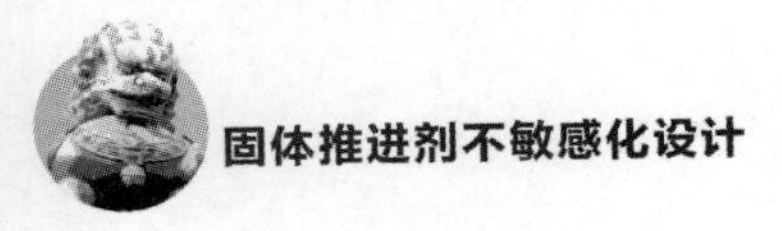


agent[J]. Biomacromolecules, 2005, 6(2): 653 - 662.

[78] F. H. GOJNY, K. SCHULTE. Functionalisation effect on the thermo - mechanical behaviour of multi - wall carbon nanotube/ epoxy - composites[J]. Composites Science and Technology, 2004, 64(15): 2303 - 2308.

[79] J. LI, P. CHEN, Z. MA, et al. Reaction kinetics and thermal properties of cyanate ester - cured epoxy resin with phenolphthalein poly (ether ketone)[J]. Journal of Applied Polymer Science, 2009, 111(5): 2590 - 2596.

[80] Q. Z. WEN, C. YU, J. H. ZHU, et al. Studies on curing kinetics parameter of TDI - PPG - MOCA polyurethane by FTIR[J]. Advanced Materials Research, 2011, 328: 966 - 969.

[81] Y. G. WU, Y. J. LUO, Z. GE, et al. FT - IR study on the curing reaction of isophorone diisocyanate with the glycidyl azide polymer and its prepolymer with nitrocellose[J]. Chinese Journal of Explosives & Propellants, 2013, 1: 43 - 46.

[82] F. F. SHEN, A. TANVER, Y. - J. LUO. FT - IR study on the catalytic reaction kinetics of glycidyl azide polymer with N100[J]. Chinese Journal of Explosives & Propellants, 2014, 37: 14 - 18.

[83] 陈胜，刘云飞，姚维尚. 组分对高能 HTPB 推进剂燃烧性能和力学性能的影响[J]. 火炸药学报，2007，30(5)：62 - 65.

[84] 曹文忠，王中伟，焦绍球，等. 含 RDX 低燃速丁羟推进剂的配方研究[J]. 火炸药学报，2009，32(5)：54 - 57.

[85] 陈中娥，李忠友，姚南，等. FOX - 7 及含 FOX - 7 的 HTPB 推进剂安全性能[J]. 含能材料，2010(3)：316 - 319.

[86] 廖林泉，胥会祥，李勇宏，等. HTPB 推进剂危险性实验研究[J]. 火炸药学报，2010，33(4)：28 - 31.